普通高等教育"十三五"规划教材

机械工程图学

（下　册）

第 2 版

主编　陈东祥　姜　杉
参编　丁佰慧　何改云　景秀并　田　颖
　　　徐　健　喻宏波　郑惠江　胡明艳
主审　田　凌

机械工业出版社

《机械工程图学》全书分为上、下两册。上册由"投影基础"篇、"投影制图"篇和"机械工程图"篇三大部分组成。内容包括画法几何（其内容的研究采用的是"形"与"数"相结合的方法）、机械制图基本标准、机件的表达方法、标准件、常用件、零件图和装配图。下册为"现代设计方法的应用"篇，将现代设计方法与制图教学内容有机地结合起来，提高读者利用计算机进行辅助绘图及设计的应用水平。内容包括计算机绘图（AutoCAD）、三维实体造型及其表达（Pro/ ENGINEER 5.0 简介、SolidWorks 2012 简介）和标准件的参数化制作。书后编有附录，以供查阅有关标准和数据使用。

同时出版的《机械工程图学习题集》与上册教材配套使用。

上册教材还配有多媒体课件，需要的教师请到机械工业出版社教育服务网（www.cmpedu.com）注册、下载。

本书可作为大专院校机械类和近机械类各专业的教材，也可作为高等职业教育用书，还可供有关工程技术人员参考。

图书在版编目（CIP）数据

机械工程图学. 下册/陈东祥，姜杉主编. —2 版. —北京：机械工业出版社，2016. 5（2019. 7 重印）

普通高等教育"十三五"规划教材

ISBN 978-7-111-53369-6

Ⅰ. ①机… Ⅱ. ①陈… ②姜… Ⅲ. ①机械制图—高等学校—教材 Ⅳ. ①TH126

中国版本图书馆 CIP 数据核字（2016）第 064616 号

机械工业出版社（北京市百万庄大街22号 邮政编码100037）
策划编辑：刘小慧 责任编辑：刘小慧 武 晋 任正一
版式设计：霍永明 责任校对：樊钟英
封面设计：张 静 责任印制：邝 敏
北京中兴印刷有限公司印刷
2019 年 7 月第 2 版第 2 次印刷
184mm×260mm · 13.5 印张 · 323 千字
标准书号：ISBN 978-7-111-53369-6
定价：28.00 元

前　言

　　本书是在 2004 年出版的《机械制图及 CAD 基础》的基础上，总结十余年来使用该书进行教学改革的经验，由亲自参与教学改革的教师们进行修改、调整编写而成的。修订过程中，保留了原书的特色，修订了不适宜的部分，扩充了新的内容，并将其分为上、下两册，形成模块化形式，以适应不同学时、不同教学之目的。

　　本书的编写以加强投影理论为根本、以设计表达为主线、以培养在工程设计中计算机应用的能力为目标，使"机械制图"作为机械专业基础课程，为后续相关课程在形象思维、创新意识和 CAD 运用能力方面打下基础。

　　全书分为上、下册。上册包括"投影基础""投影制图""机械工程图"三篇，下册为"现代设计方法的应用"篇。本书在立足于加强投影理论的基础上，引入了设计概念，在方法体系上，改变了以往以尺、规作图为研究图学的理论基础，将计算机图形处理技术应用于机械制图，特别是三维计算机辅助设计内容的有机融入，使该书成为将画法几何、机械制图、计算机绘图以及现代设计思想和观念融为一体的改革创新型教材。其主要特点如下：

　　1. 本书加强了画法几何的基本原理，以保证表现设计思想的投影基础，压缩了借助于计算机就能很容易解决的图解法。特别是对画法几何的描述采用了"形"与"数"相结合的先进方法，为建立图形变换、投影变换以及各种构形和空间几何问题的数学模型提供了方法。

　　2. 本书不仅把"AutoCAD"软件作为计算机绘图工具应用于机械制图，还将典型的"Pro/ENGINEER"和"SolidWorks"工具软件内容融入机械制图，并且加入了标准件的参数化制作内容，旨在提高读者利用计算机进行辅助绘图及设计的应用水平，特别是由此在机械制图中引入了由三维到二维的工程设计思想。

　　本书由陈东祥、姜杉任主编。参加编写工作的有陈东祥（第 1 篇）、胡明艳（第 2 篇第 7 章）、何改云（第 2 篇第 8 章）、喻宏波（第 2 篇第 9 章）、景秀并（第 3 篇第 10、11 章）、徐健（第 3 篇第 12 章、附录）、丁佰慧（第 4 篇第 13 章）、姜杉（第 4 篇第 14 章）、田颖（第 4 篇第 15 章）、郑惠江（第 4 篇第 16 章）。全书由陈东祥策划并定稿。

　　全书由董国耀教授和田凌教授主审。他们对本书提出了许多宝贵的意见，在此表示衷心感谢。在本书的编写和出版过程中还得到许多同志的支持和帮助，在此表示诚挚的谢意。

　　由于编者水平有限，书中难免存在不足之处，欢迎读者批评指正。

编　者

目　　录

上　册

下　册

前言

第 4 篇　现代设计方法的应用

第 4 篇　现代设计方法的应用

第 13 章　计算机绘图

　　AutoCAD 是美国 Autodesk 公司于 1982 年推出的通用计算机辅助绘图及设计软件包，广泛应用于机械、电子、土木建筑、船舶、地质勘探和装潢设计等行业。它在全世界拥有众多的用户，是目前在计算机上运行的功能最强、最受欢迎的绘图及设计软件之一。AutoCAD 经过多次升级，已从当初相对简单的功能发展到现在具备大型 CAD 系统所必需的功能。与以前的版本相比，AutoCAD 2010 在界面、速度、功能和使用简便性等方面都有相当大的提高，本章将介绍 AutoCAD 2010 的相关内容。

13.1　概述

13.1.1　启动 AutoCAD 2010

　　可双击 Windows 桌面上的 AutoCAD 2010 快捷图标；或选择 "开始"→"程序"→"AutoCAD 2010-Simplified Chinese"→"AutoCAD 2010" 选项。启动 AutoCAD 2010 后，显示 "新功能研习专题" 界面。对于新用户，一般选择 "不，不再显示此消息"，然后单击 "确定" 按钮，显示图 13-1 所示的 AutoCAD 2010 用户界面。

13.1.2　退出 AutoCAD

　　可双击用户界面左上角的 AutoCAD 图标；或单击用户界面右上角的关闭按钮；或单击 "文件（F）" 下拉菜单中的 "退出（X）" 项；或输入 "QUIT" 命令。无论采用哪种退出方式，若当前图形已存储，则会直接退出；若当前图形未存储，将出现图 13-2 所示的 "AutoCAD" 对话框。单击 "是（Y）" 按钮，将图形以默认文件名存储到当前文件夹中并退出 AutoCAD；单击 "否（N）" 按钮，则不存储图形直接退出 AutoCAD；若单击 "取消" 按钮，则返回用户界面。

13.1.3　AutoCAD 用户界面

　　AutoCAD 2010 提供了三种用户界面的显示模式，包括 "二维草图与注释" "三维建模" 和 "AutoCAD 经典"。其中，AutoCAD 2010 默认情况下为图 13-1 所示的 "二维草图与注释" 用户界面。三种用户界面之间可以进行切换，切换方法：在用户界面右下角状态栏上，单击 初始设置工作空间▼ 按钮，则弹出图 13-3 所示的菜单，选择要切换成的用户界面显示模式。

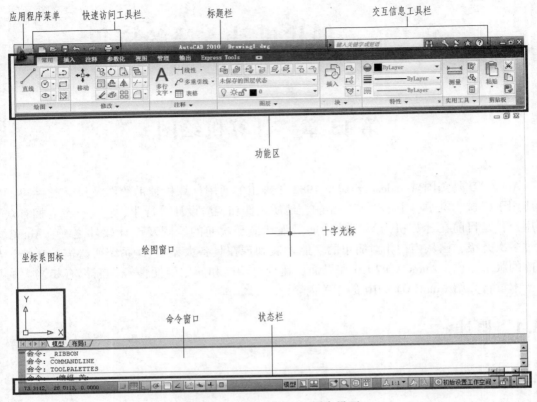

图 13-1 AutoCAD 2010 用户界面

图 13-2 "AutoCAD"对话框

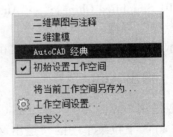

图 13-3 用户界面切换菜单

AutoCAD 2010 用户界面主要由功能区、绘图窗口、命令窗口和状态栏等组成。

1. 功能区

功能区（图 13-4）是由一系列选项卡组成的工具集成窗口。每个选项卡中包含多个面板（如"常用"选项卡中包含"绘图""修改""图层""注释""块""特性""实用工具"和"剪贴板"等多个面板）。单击面板中的图标按钮可以方便地执行各种命令操作。

图 13-4 功能区

将箭头光标置于某些图标按钮上并停留一段时间，则会弹出该命令的注释窗口，如图13-5 所示。

有些图标按钮的右侧有一黑色小三角形，单击黑色小三角形，则会显示另外一组图标按钮，如图 13-6 所示。

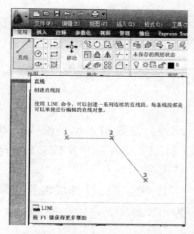

图 13-5　"直线"命令注释窗口

图 13-6　弹出另外一组图标按钮

2. 绘图窗口

绘图窗口是用户绘制及编辑图形的区域，它占据了屏幕中央大部分区域。绘图窗口内显示的绘图区域的大小用绘图单位度量，绘图单位由用户设定。用户可以随时改变绘图窗口内绘图区域的大小。

绘图窗口内有一个十字线，其交点指示出当前点的位置，故称为十字光标。十字光标上的小方框是选择框，用于选择要操作的对象。

在绘图窗口的下方和右方分别为水平和垂直滚动条，利用它们可使绘图窗口的整个画面沿水平或垂直方向移动。位于绘图窗口左下角的图形是坐标系图标，用于表示当前绘图所用的坐标系。

3. 命令窗口

命令窗口一般位于绘图窗口下方。在命令窗口，用户可以输入 AutoCAD 命令并可看到 AutoCAD 对用户输入命令的响应及提示信息。命令窗口的最下面一行是命令行，当命令行显示 "命令:" 时，表示 AutoCAD 正在等待输入命令。命令窗口默认可显示三行，当需要显示较多信息时，可按 < F2 > 键切换到文本窗口。

4. 状态栏

状态栏处于 AutoCAD 用户界面的最底部。状态栏用于显示与当前绘图相关的一些信息，包括光标的坐标值、图形工具按钮、模型/图纸空间设置按钮、常用工具、注释工具、工作空间设置按钮、工具栏/窗口位置锁定按钮、状态栏菜单和全屏显示按钮（图 13-7）。用户

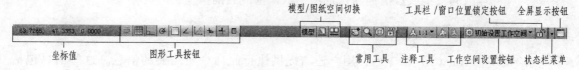

图 13-7　状态栏

若想打开某种模式或状态，只需单击该模式或状态的名称按钮即可。当模式或状态为打开时，其名称按钮为按下状态；否则，其名称按钮为弹起状态。

13.2 AutoCAD 的基本操作

13.2.1 输入命令

当命令行出现"命令:"提示时，用户可通过键盘、功能区或快捷键等方式输入 Auto-CAD 命令。

1. 键盘

AutoCAD 命令都可以通过键盘输入的方式来执行。此外，键盘输入也是输入文本字符的基本方法。用键盘输入命令时，字符的大小写没有区别，输入结束时要按 <Enter> 键。例如：

通过键盘输入"line,"然后单击 <Enter> 键"命令：LINE ✓"，计算机将执行画直线命令。本书用"✓"表示 <Enter> 键，圆括弧内的内容为相关解释。

2. 功能区

鼠标用于控制光标位置、选择对象及执行命令等。将鼠标指针移到功能区面板上相应的命令按钮位置，单击左键即可执行相应命令。

3. 快捷键

AutoCAD 允许用户使用快捷键来执行命令。常用快捷键及其功能如下：

<F1>——执行帮助命令；

<F2>——打开或关闭文本窗口；

<F3>——打开或关闭对象捕捉方式；

<F8>——打开或关闭正交模式。

4. 命令的重复输入

如果要重复执行某个 AutoCAD 命令，可单击 <Enter> 键或空格键实现，而不必重新输入该命令。单击鼠标右键，然后选取快捷菜单的第一项也可重复执行上一命令。

5. 命令别名

AutoCAD 允许从键盘输入某些命令的第一个或某几个字符来启动相应命令，这样的字符称为命令别名，如"LINE"命令的别名是 L。当在"命令:"提示行输入"L"时，Auto-CAD 就会提供完整的"LINE"输入，"LINE"命令正常执行。

6. 提示或选项

执行 AutoCAD 命令后，系统往往会提供一些选项或提示由用户进行选择或输入。在提示或选项中，"/"表示命令选项的分隔符，选项中的大写字母表示选项的缩写形式。"< >"符号内的文字或数值为默认选项、默认值或当前值。

13.2.2 输入数据

当启动一个 AutoCAD 命令后，用户还需提供执行此命令所需要的信息。这些信息包括点坐标、数值、角度、位移等。

1. AutoCAD 的坐标系

AutoCAD 采用笛卡儿直角坐标系，点的坐标用 (x, y, z) 表示。通用坐标系（WCS）是 AutoCAD 定义的默认坐标系。它以绘图窗口为 XY 平面，X 轴水平向右，Y 轴垂直向上，坐标原点在绘图窗口的左下角，Z 轴指向操作者。

当前坐标系的 XY 平面或平行于 XY 平面的平面称为构造平面。当前构造平面在当前坐标系中有一个高度，这个高度就是 z 坐标，也称为当前高度。在 AutoCAD 中绘制二维图形时一般都在当前构造平面上进行，这时用户只需输入 (x, y) 坐标，AutoCAD 自动将当前高度作为 z 坐标。

2. 点的输入

点是 AutoCAD 中最基本的图素之一，它既可用键盘输入，又可借助鼠标等形式输入。无论采用何种方式输入点，本质上都是输入点的坐标值。

（1）键盘输入　用键盘输入坐标值有两种形式。

1）绝对坐标形式。绝对坐标是指相对于坐标系原点的坐标。如果用户已知点的绝对坐标或已知它们从原点出发的距离和角度，就可以从键盘上以直角坐标形式或极坐标形式来输入。

点的绝对直角坐标输入形式为 "x, y, z"，x、y、z 分别代表点在 X、Y、Z 坐标轴上的坐标值。对于二维图形，其上的点可仅输入 x、y 坐标值，而无需考虑 z 坐标值。

二维点的绝对极坐标形式为 "距离 < 角度"。极坐标形式中的角度以 X 轴的正向为 0°，逆时针方向为正值，顺时针方向为负值。

2）相对坐标形式。相对坐标是指当前点相对上一次所选点的坐标（或距离）和角度。在 AutoCAD 中，为了区别绝对坐标和相对坐标，在相对坐标前应添加一个 "@" 符号。相对坐标点的输入形式为 "@ x, y, z" 或 "@ 距离 < 角度"。

【例 13-1】　使用绝对坐标和相对坐标确定点，画出图 13-8 所示的三角形 ABC。

命令：LINE ↙　　　　　　　　　　　　　　（启动画直线命令）

指定第一点：20, 10 ↙　　　　　　　　　　（输入 A 点绝对坐标值）

指定下一点或 [放弃（U）]：　@15, 15 ↙　（输入 B 点相对坐标值）

指定下一点或 [放弃（U）]：　@20 < −45 ↙（输入 C 点相对极坐标值）

指定下一点或 [闭合（C）/放弃（U）]：　C ↙　（使用闭合（C）选项，封闭三角形以完成绘图）

（2）鼠标输入　绘图时，用户可通过移动鼠标来输入点。当移动鼠标时，AutoCAD 绘图窗口上的绘图光标也随之移动。在光标移到所需位置后，单击则此点便被输入。

除上述方式外，点的输入还可借助 AutoCAD 的对象捕捉方式来进行（见 13.4.2 小节）。

3. 数值的输入

在使用 AutoCAD 绘图时，命令行常会提示要求输入的数值，如高度、半径、距离等。这些数值可由键盘直接输入，如 "指定高度：10 ↙"。

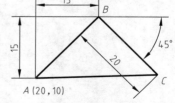

图 13-8　点的输入

有些数值也可通过输入两点来确定。此时，应先输入一点作为基点，然后在提示 "指定第二点："时输入第二点。其后，AutoCAD 自动将这两点间的距离作为输入数值。例如画圆时，在给出圆心后会询问半径，这时可输入半径值，也可输入一点。如输入一点，就通过该点画圆，半径就是该点与圆心间的距离。

13.2.3 纠正错误

用户绘图时，可能会输入不正确的命令和数据。纠正这类错误可采用以下方法：

1）修正。用户在按 < Enter > 键前，如果键入了一个错误字符，可单击 < Backspace > 键（退格键）删除不正确的部分，然后键入正确字符。

2）终止。当选错命令时，可按 < Esc > 键来终止或取消命令，使命令提示行恢复"命令："提示符。

13.2.4 文件操作

AutoCAD 的图形是以扩展名为 ". dwg" 的文件存储的。AutoCAD 提供了以下几种方法来建立、打开和保存图形。

1. 绘制新图

使用 AutoCAD 绘制新图时，要用到 "New"（新建）命令或 "QNEW"（快速新建）命令，输入方式如下：

键盘输入：NEW 或 QNEW

图标按钮：快速访问工具栏→

应用程序菜单："新建"

执行 "NEW"（新建）或 "QNEW"（快速新建）命令后，在默认状态下弹出 "选择样板" 对话框（图 13-9）。

在对话框中，"查找范围（I）" 下拉列表框用于查找样板文件所在的驱动器盘符和文件夹。"名称" 列表框中显示指定文件夹内的样板文件名和下层文件夹名。用户可在 "文件名（N）" 文本框中输入要打开的文件名，或从下拉列表框中选择文件名；在 "文件类型（T）" 下拉列表框中选择要打开文件的类型。默认的文件类型是 "图形样板（ * . dwt）"。

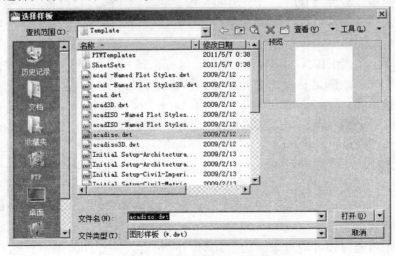

图 13-9 "选择样板" 对话框

2. 打开已有的图形文件

要加载或打开一幅已存在的图形，应使用"OPEN"（打开）命令。该命令的执行方法如下：

键盘输入：OPEN

图标按钮：快速访问工具栏→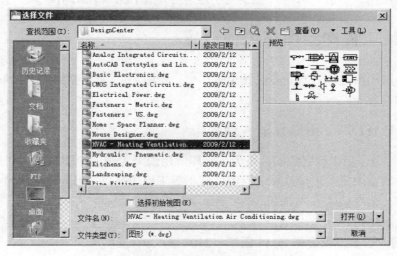

应用程序菜单："打开"

执行"OPEN"命令后，弹出图 13-10 所示的"选择文件"对话框。

在对话框中，"查找范围（I）"下拉列表框用于查找要打开文件所在的驱动器盘符和文件夹。用户可在"文件名（N）"文本框中输入要打开的文件名，如 CAD1，或从"名称"列表框中选择一个文件名。"文件类型（T）"下拉列表框中有下列四项：

图形（*.dwg） （图形文件）

标准（*.dws） （标准文件）

DXF（*.dxf） （DXF 图形文件）

图形样板（*.dwt） （样板图文件）

用户可由此选择要打开文件的类型。

从"查找范围"（I）下拉列表框中寻找相应文件夹，在"名称"列表框中找到要打开的图形文件。单击该图形文件名，就会在"预览"区显示相应的图形。此时如果要打开图形文件，可单击"打开（O）"按钮或双击文件名。

图 13-10 "选择文件"对话框

3. 保存图形

"SAVE"（保存）命令用于将当前图形存储在一个图形文件中，以便永久保存。该命令的输入方式如下：

键盘输入：SAVE 或 QSAVE

图标按钮：快速访问工具栏→

应用程序菜单："保存"

执行"SAVE"（保存）命令后弹出"图形另存为"对话框，如图 13-11 所示。

图 13-11 "图形另存为"对话框

在对话框中，"保存于（I）"下拉列表框用于查找要保存文件的驱动器盘符和文件夹。用户可在"文件名（N）"文本框中输入要保存文件的文件名，如 CAD2，或者从"文件名（N）"列表框中选择一个文件名。

在"文件类型"（T）下拉列表框中选择一种要保存文件的类型。单击"保存（S）"按钮可执行存图操作，单击"取消"按钮则不进行存图操作并关闭对话框。

13.3　机械工程图绘图环境的设置

在绘制一幅图形之前，首先应设置绘图环境。绘图环境主要包括绘图区域确定、绘图图层设置及线型设置等。

13.3.1　"LIMITS"（图形界限）命令

"LIMITS"命令用于确定绘图区域大小，即所用图纸大小。绘图区域或图形界限是由左下角点和右上角点限定的矩形区域。绘图区域不等于绘图窗口，可能比绘图窗口大，也可能比绘图窗口小。命令输入方式如下：

键盘输入：LIMITS

【例 13-2】　设置图形界限为 A4 图幅（210mm×297mm）。

命令提示行输入 LIMITS ↙→↙→210，297 ↙

使用"LIMITS"命令虽然改变了绘图区域的大小，但绘图窗口内显示的绘图区域并不显示边界，此时可采用矩形命令绘制绘图边界。

13.3.2　"RECTANG"（矩形）命令

功能区："常用"选项卡→"绘图"面板→▢

键盘输入：RECTANG 或 REC

【例 13-3】　使用矩形命令画出 A4 图幅的绘图边界。

单击 ▢ →0，0 ↙ →210，297 ↙

若要使绘图区域充满绘图窗口，必须使用"ZOOM"（缩放）命令。

13.3.3　"ZOOM"（缩放）命令

"ZOOM"命令用于在绘图窗口内显示所绘制的全部或局部图形，输入方式如下：

键盘输入：ZOOM 或 Z

应用程序状态栏：🔍

功能区："视图"选项卡→"导航"面板→🔍 范围 ▾

快捷菜单：没有选定对象时，在绘图区右击选择"🔍 缩放（Z）"选项进行实时缩放。图形以光标点为中心向周围缩放。

【例 13-4】　使用全屏缩放命令，将绘图区域充满整个绘图窗口。

命令提示行输入 ZOOM ↙ →A ↙

13.3.4　"PAN"（平移）命令

"PAN"命令用于移动全部图形，输入方式如下：

键盘输入：PAN 或 P

应用程序状态栏：✋

功能区："视图"选项卡→"导航"面板→✋ 平移

快捷菜单：没有选定对象时，在绘图区域右击选择"✋ 平移（A）"选项，实时平移。

输入命令后，界面上出现"手形"光标，此时可用拖动方式移动整个图形画面，按<Esc>键或<Enter>键可结束命令操作。

13.3.5　"LAYER"（图层）命令

1. 图层的概念

图层相当于没有厚度的透明纸。不同的线型分别画在不同的图层上，再把这些画着不同线型的图层重叠在一起，就构成一幅完整的图形。

用户可根据需要设置图层。为了便于记忆，应给每一个图层起一个有意义的名字并在图层上设置相应线型及颜色。一幅图的图层数目不受限制，每一图层上的对象数也不受限制。图层有如下特征：

1）图层名由字母、数字、汉字等组成。图层名中不能含有空格、逗号等字符，字母不分大小写。0 层由 AutoCAD 定义，称为初始层，建议用户绘图时不要使用。

2）每个图层仅设置一种线型、一种颜色。线型、颜色是指所绘对象的线型、颜色。

3）在"图层"工具栏中显示的图层是当前层。由各种绘图命令所建立的对象均被绘制在当前层上。

4）图层有打开（💡）、关闭（💡）、冻结（❄）、解冻（☀）、锁定（🔒）和解锁（🔓）等状态。

5）图层上图线的宽度既可设置为标准值，又可设置为任意值。

2. 图层设置

利用图 13-12 所示的"图层特性管理器"对话框可建立和设置图层，输入方式如下：

键盘输入：LAYER 或 LA

功能区："常用"选项卡→"图层"面板→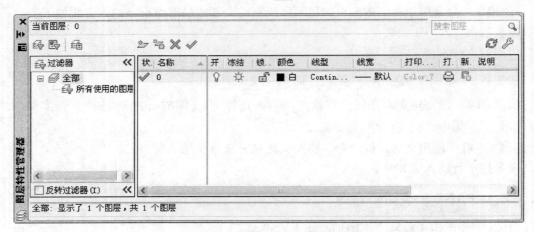

图 13-12　"图层特性管理器"对话框

下面仅对常用的一些选项做简单说明：

（1）"新建图层（Alt + N）"（ ） 按钮此按钮用于创建新图层。单击一次该按钮，在图层列表框中增加一个名为"图层 1"的新层，同时可以立即对它重新命名。新图层上图线的状态、颜色、线型和线宽继承选定图层上图线的状态、颜色、线型和线宽。

（2）"删除图层（Alt + D）"（ ） 按钮　此按钮用于删除图层列表框中所选定的图层。不含任何对象的图层才能被删除。

（3）"置为当前（Alt + C）"（ ） 按钮　选择一个图层，然后单击此按钮，便将其设定为当前图层。在当前图层上所画图线具有该图层上图线的颜色、线型和线宽等属性。

（4）图层列表框　该窗格位于"图层特性管理器"对话框的中间。图层列表框中显示了图层的状态特性。用户在未创建新的图层之前，只显示一个初始图层——0 层。

图层列表框中 0 层是 AutoCAD 自动建立的，颜色为白色，线型为 Continuous（实线），线宽为默认线宽。要改变某图层的某一特性或状态，移动光标到该层的某状态图标上，单击即可。要快速选择所有图层，可右击，使用快捷菜单。

（5）"选择颜色"对话框　单击要修改图层的颜色块和名，可以显示图 13-13 所示的"选择颜色"对话框。用户可以从对话框的调色板中选择一种颜色，颜色名显示在底部。然后单击"确定"按钮，颜色选择成功。

（6）"选择线型"对话框　单击要修改图层的线型名，显示图 13-14 所示的"选择线型"对话框。对话框显示了默认和已加载线型的线型名、外观和说明。单击已加载的线型列表框中的一种线型，再单击"确定"按钮，线型便设置完成。如果列表框中未列出这种线型，则单击"加载（L）..."按钮，弹出图 13-15 所示的"加载或重载线型"对话框。单击对话框中的"文件（F）..."按钮，选择线型文件，如 acad. lin 或 acadiso. lin。在"可用线型"列表框中选择所要加载的一种或几种线型，如 Continuous（实线）、ACAD_ISO02W100（虚线）及 ACAD_ISO04W100（点画线），再单击"确定"按钮，线型即被装入。

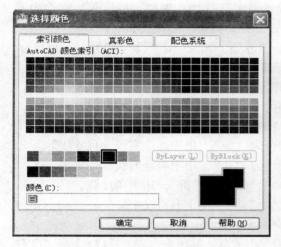

图 13-13　"选择颜色"对话框　　　　　　图 13-14　"选择线型"对话框

3. 图层控制列表框

利用"常用"选项卡中"图层"面板的图层控件，可方便地将图层设置为当前层、打开或关闭等。单击列表框中右侧箭头，打开下拉列表，显示已定义的各图层的特性和状态，如图 13-16 所示。单击某一图层名称，即可将该图层设置为当前层；单击灯泡图标，即可打开或关闭该图层。

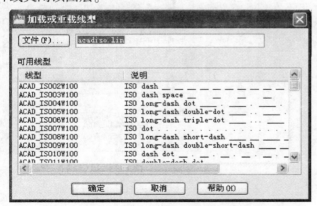

图 13-15　"加载或重载线型"对话框

图 13-16　图层控制列表框

13.3.6　线型比例设置

机械制图国家标准规定虚线、点画线等的长画、短画及间隔的长度应与图线宽度构成倍数关系。由于在线型文件中按一个固定线宽定义了长画、短画及间隔的长度，因此，绘图时应将线型比例设置为所用图线的宽度，如 0.25mm。命令输入方式如下：

键盘输入：LTSCALE

13.3.7 建立样板图

样板图是一种".dwt"格式的文件,调用 AutoCAD 提供的标准样板图文件和用户自定义的样板图文件绘图时,样板图中存放的各项设置及图形(如标题栏、图框等)都会自动传递到新图中由此可以避免重复设置绘图环境。建立用户样板图的步骤如下:

1)使用"LIMITS"(图形界限)命令设置绘图界限,如 A3 图纸设为 420mm×297mm。再使用"ZOOM"(缩放)命令的选项"All"(全部)缩放绘图窗口。

2)使用"LAYER"(图层)命令新建图层并设置图层线型及颜色等。设置如下。

① "粗实线"层,线型为"Continuous",颜色为"白",用于画粗实线。

② "点画线"层,线型为"ACAD_ ISO04W100",颜色为"红",用于画点画线。

③ "细实线"层,线型为"Continuous",颜色为"绿",用于画细实线、尺寸线等。

④ "剖面线"层,线型为"Continuous",颜色为"蓝",用于画剖面线。

⑤ "虚线"层,线型为"ACAD_ ISO02W100",颜色为"黄",用于画虚线。

⑥ "汉字"层,线型为"Continuous",颜色为"紫",用于书写汉字。

⑦ 使用"LTSCALE"命令设置线型全局比例因子为 0.25。

3)执行"SAVE"(保存)命令,弹出"图形另存为"对话框(图 13-17)。在"文件名(N)"文本框中输入要保存的文件名,如 A3;在"文件类型(T)"下拉列表框中选择"*.dwt"文件类型;单击"保存(S)"按钮。在弹出的"样板选项"对话框(图13-18)中可输入相应的说明或不输入,单击"确定"按钮保存样板图。这样,样板图"A3.dwt"就建立好了。

图 13-17 "图形另存为"对话框

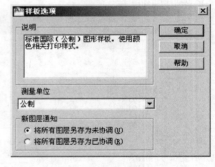

图 13-18 "样板选项"对话框

13.4 绘制几何图形

本节将系统地介绍一部分绘图命令和图形编辑命令,以及辅助绘图工具和对象选择方式。最后采用实例说明绘制几何图形的方法和步骤。

13.4.1 绘图命令

1. "LINE"(直线)命令

"LINE"命令用于绘制直线、折线或任意多边形,输入方式如下:

功能区："常用"选项卡→"绘图"面板→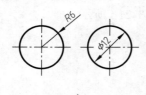

键盘输入：LINE 或 L

2. "CIRCLE"（圆）命令

"CIRCLE"命令有多种画图的方法，如已知圆心、半径或直径画圆，过三点或两点画圆，画与两个或三个对象相切的圆等，如图 13-19 所示。命令输入方式如下：

功能区："常用"选项卡→"绘图"面板→

键盘输入：CIRCLE 或 C

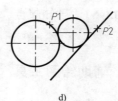

a)　　　　　　　　b)　　　　　　　　c)　　　　　　　　d)

图 13-19　画圆的方法

说明：

1）单击⊙▾右侧的箭头，展开画圆命令菜单，如图 13-20 所示。在展开的命令菜单上选择画圆方法，进入相应的画圆模式。

2）"两点"选项表示以两点间距离为直径画圆。

3）"相切、相切、相切"选项用于画一个圆与指定的三个目标相切。目标可为直线、圆或圆弧。这种画圆的方法就是过三点画圆法，只是这三个点为圆与三个目标的切点。

【例 13-5】　作半径为 4mm 的圆，使其与已知大圆和直线都相切，如图 13-19d 所示。

调用画圆命令→输入 T↙→单击 P1 点→单击 P2 点→输入 4↙

3. "ARC"（圆弧）命令

"ARC"命令用于绘制圆弧，命令输入方式如下：

功能区："常用"选项卡→"绘图"面板→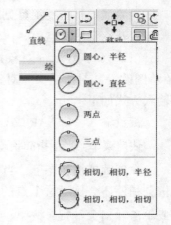

键盘输入：ARC 或 A

图 13-20　画圆命令菜单

AutoCAD 提供了多种画圆弧的方法，如的展开菜单提供了 11 种方法，图 13-21 所示为几种常用画圆弧的方法。

说明：

1）"三点"画弧表示顺序连接起点、中间点、终点来画一段圆弧。

2）"起点"为圆弧起点；"终点"为圆弧终点。"角度"指圆弧所对应的圆心角，以逆时针方向为正。"长度"为圆弧对应的弦长值。弦长为正时，画小于 180°的弧（劣弧）；弦长为负时，画大于 180°的弧（优弧）。"方向"表示圆弧起始的切线方向，可以输入角度或指定一点来确定切线的方向。

3）"连续"画弧表示以前一段直线或圆弧的终点为起点，继续画下一段圆弧与之相切。

画时只需要输入圆弧的终点。

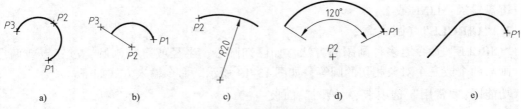

图 13-21　几种常用画圆弧的方法

【例 13-6】　已知起点、圆心、圆心角，画圆弧，如图 13-21d 所示。

单击 圆心,起点,角度 →单击 P1 点→单击 P2 点→120↙

13. 4. 2　辅助绘图工具

1. 正交模式

所谓正交模式，就是用光标定点来画水平线或垂直线，不能画倾斜直线。例如在画直线时，先给出了第一点，再移动光标，第一点到光标之间显示一条平行于某一光标线的橡皮筋线，指示出正交线的长度和走向。

"ORTHO"（正交）命令用于打开或关闭正交模式。也可用 < F8 > 键或单击状态栏中"正交模式"按钮 来切换。默认状态下正交模式是关闭的，按住 < Shift > 键可临时打开正交模式。

2. 对象捕捉

对象捕捉是指捕捉可见对象上的某些特殊点，如直线或圆弧的端点、中点，圆或圆弧的圆心以及它们的交点等。

（1）"OSNAP"（对象捕捉设置）命令　执行"OSNAP"命令，弹出图 13-22 所示的"草图设置"对话框中"对象捕捉"选项卡，设置对象捕捉方式并进入对象捕捉状态。命令输入方式如下：

键盘输入：OSNAP 或 OS

快捷菜单：光标指向状态栏的"对象捕捉"按钮 ，单击右键，选择"设置（S）…"

在连续捕捉状态下，当十字光标靠近某个对象的某个特殊点时，即显示这个点的黄色标记，稍停还会显示这个点的名称。单击选中，该点才被输入。用户可以使用快捷键 < F3 >或单击"对象捕捉"按钮 ，打开或关闭对象捕捉方式。

（2）单点捕捉方式　单点捕捉是指所设定的对象捕捉模式只对当前点的一次输入有效，其优先于"OSNAP"命令而实现对象捕捉功能。当 AutoCAD 提示要求输入点时，直接输入单点或多点对象捕捉方式，就能实现对对象的捕捉。为实现单点捕捉可以使用下述方法之一：

1）从键盘输入目标捕捉方式的前三个字母：END（端点）、MID（中点）、CEN（圆心）、QUA（象限点）、INT（交点）、PER（垂足）、TAN（切点）和 NEA（最近点）。

2）使用 < Ctrl > 键或 < Shift > 键加右键，弹出图 13-23 所示的对象捕捉快捷菜单，选择其中一项对象捕捉方式后菜单自动关闭。

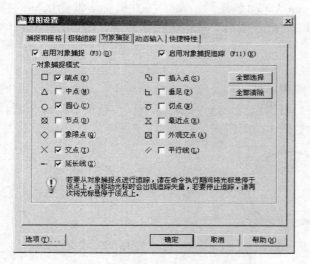

图 13-22 "草图设置"对话框

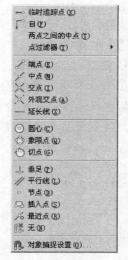

图 13-23 对象捕捉快捷菜单

【例 13-7】 过圆心向已知直线作垂线，再由垂足作圆的切线，如图 13-24 所示。

单击 ✏ →CEN ↙ →单击 *P1* 点→PER ↙ →单击 *P2* 点→TAN ↙ →单击 *P3* 点→↙

从例题中可以看出，在单点捕捉方式下，AutoCAD 用 "于" 或 "到" 做提示符，提示用户用十字光标在对象上捕捉点，找到符合要求的点后自动退出对象捕捉状态。如果没有捕捉到所希望的点，也退出对象捕捉状态，此次对象捕捉操作无效。

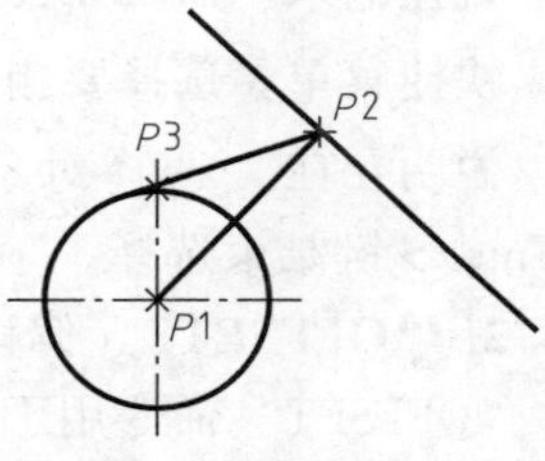

13.4.3 对象选择方式

图形由各种对象构成，对图形的编辑操作也是对某一个或一组对象的编辑操作。被选择的对象的集合称为选择集，用户可以通过交互方式将对象加入到选择集中或从选择集中删除。当执行 AutoCAD 命令需要选择集时，命令行提示 "选择对象："，此时屏幕上的光标变为一个小方框，此小方框称为对象选择框，在此命令下选中的所有对象构成一个选择集。在 "选择对象："提示下按空格键或 <Enter> 键，则退出对象选择状态。对象选择的方式主要有以下三种：

图 13-24 单点捕捉方式作图

1. 单选（SI）

移动选择框到欲选择的对象上，然后单击，则该对象就被选中并 "醒目" 显示，如图 13-25 中的虚线所示。这种方式每次只能选中一个对象。

2. 窗口（W）**选择**

这种方式是以一个矩形区域（由两点定义的窗口）来选择对象。在窗口内的所有对象均被选中，但与窗口相交的对象不包括在内，如图 13-26 所示。这种方式的提示如下：

选择对象：W ↙

指定第一个角点：单击 *P1* 点

指定对角点：单击 *P2* 点

拾取第一个角点后，移动鼠标时，AutoCAD 动态显示一个实线方框。该框随鼠标的移动可改变大小，帮助用户确定窗口的范围。定好范围后，单击或按拾取键，窗口方式操作结束，选中的对象"醒目"显示。

3. 窗交（C）选择

在"选择对象："提示下输入"C"，则表示使用窗交方式来选择对象。选择此方式后的操作与窗口选择方式完全相同，只是窗口显示为点线，选中的对象不仅包括窗口内的全部对象，而且还包括与窗口边界相交的对象，如图 13-27 所示。

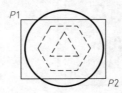

图 13-25　单选方式　　　　图 13-26　窗口方式　　　　图 13-27　窗交方式

13.4.4　图形编辑命令

1. "ERASE"（删除）命令

"ERASE"命令用于删除绘图窗口内指定的对象。命令输入方式如下：

功能区："常用"选项卡→"修改"面板→⟦删⟧

键盘输入：ERASE 或 E

快捷菜单：选择要删除的对象，然后在绘图区域右击并选择"⟦删⟧删除"。

说明：在"选择对象："提示下，可用各种对象选择方式选取要删除的对象或者按 < Enter > 键结束选择。

2. "OFFSET"（偏移）命令

"OFFSET"命令用于构造同心圆、平行线和平行曲线。命令输入方式如下：

功能区："常用"选项卡→"修改"面板→⟦偏移⟧

键盘输入：OFFSET 或 O

说明：

① 执行该命令在命令行提示后输入偏移距离数值，表示在距现有对象指定的距离处创建对象；直接按 < Enter > 键表示使用当前偏移距离值。

②"通过（T）"选项表示创建通过指定点的对象，"删除（E）"选项确定是否删除要偏移的对象（删除源）。"图层（L）"选项确定将新对象放置在原来的图层（源）上还是当前图层上。

③ 选择"多个（M）"选项，可以对同一个指定对象连续复制多个新对象，按 < Enter > 键或右击结束该选项的操作。

④ 画一个对象的同心圆或平行线后，还可对新画的对象再画其同心圆或平行线。在一种偏移方式下，可以连续进行多次偏移复制，最后按 < Enter > 结束。

【**例 13-8**】　用设置偏移距离的方式画已知直线的平行线，如图 13-28 所示。

单击 ⊡ →T ✓ →单击 P1 点→单击 P2 点→✓

3. "MIRROR"（镜像）命令

"MIRROR"命令用于按给定的镜像线产生指定对象的镜像图形，如图 13-29 所示。原图形既可保留，也可删除。命令输入方式如下：

功能区："常用"选项卡→"修改"面板→ ⚖

键盘输入：MIRROR 或 MI

【例 13-9】 作镜像图形，如图 13-29 所示。

单击 ⚖ →选择要镜像的图形→✓ →单击 P1 点→单击 P2 点→✓

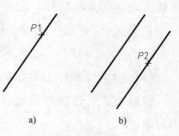

图 13-28　画等距线
a）原图　b）结果图

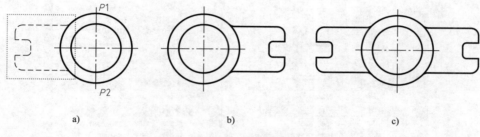

图 13-29　镜像图形

4. "TRIM"（修剪）命令

"TRIM"命令可以用指定对象定义的剪切边修剪对象。执行命令要求先选择作为剪切边的对象，再指定要剪去的部分。命令输入方式如下：

功能区："常用"选项卡→"修改"面板→ ⫶ 或 ⫶ ▾ → ⫶ 修剪

键盘输入：TRIM 或 TR

【例 13-10】 修剪键槽剖面轮廓。图 13-30 所示为修剪命令的执行过程，其中图 13-30a 所示为初始图形，图 13-30b 所示为选择剪切边，图 13-30c 中"×"表示选择修剪对象的位置，图 13-30d 所示为修剪完成的图形。

单击 ⫶ →C ✓ →✓ →单击"×"线段 1→单击"×"线段 2→单击"×"圆弧→✓

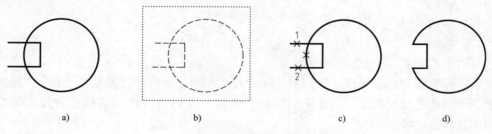

图 13-30　修剪对象

5. "PROPERTIES"（特性）命令

执行"PROPERTIES"命令，弹出图 13-31 所示的"特性"对话框，显示选定对象的所有特性或属性，这些特性包括颜色、图层、线型和坐标值等。用户可以通过"特性"对话框修改选定对象的特性，命令输入方式如下：

功能区："常用"选项卡→"特性"面板→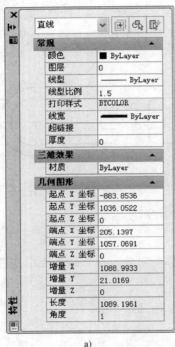

功能区："视图"选项卡→"选项板"面板→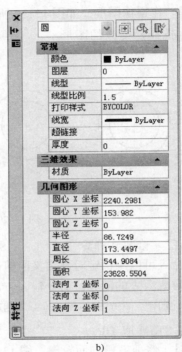

键盘输入：PROPERTIES 或 PR 或 PROPS 或 CH 或 MO

快捷方式：选择对象后右击图形区域，在弹出的菜单中选择" 特性（S）"，或者双击对象。

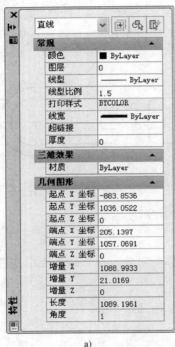
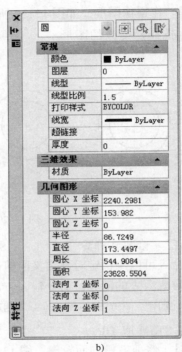

a)   b)

图 13-31 "特性"对话框

使用"特性"对话框修改特性的，请选择需要修改特性的对象，并使用以下几种方法之一进行修改：

1）输入新值。

2）从下拉列表框中选择值。

3）在对话框中修改特性值。

4）使用"拾取点"按钮修改坐标值。

说明：特性值"ByLayer"（随层）表示此特性与对象所在图层的特性相同。"特性"对话框根据不同的选定对象显示出相应的特性。例如，图 13-31a 所示直线的特性，图 13-31b 所示圆的特性。

13.4.5 绘图举例

前面已经介绍了创建用户样板图的方法、部分绘图命令和图形编辑命令。现在利用这些知识以图 13-32 所示手柄为例，说明绘制几何图形的步骤和方法。

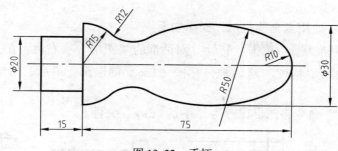

图 13-32　手柄

1）首先装入用户样板图，这里选择 A4 图幅，开始绘图。

2）单击状态栏中"正交模式"按钮 ，打开正交模式。

3）将"粗实线"层置为当前图层。

4）画基准线，操作如下：

单击 →80，120 ↙ →@ 100，0 ↙ → ↙（画出基准线 1）→ ↙→100，105 ↙→@ 0，30 ↙ → ↙（画出基准线 2）

作图结果如图 13-33a 所示。

5）画矩形部分，操作如下：

单击 →15 ↙→单击基准线 2 →单击基准线 2 左侧一点→ ↙ → ↙ →10 ↙→单击基准线 1→单击基准线 1 上方一点→单击基准线 1→单击基准线 1 下方一点→ ↙

作图结果如图 13-33b 所示。

单击 → ↙（选择全部图线为剪切边）→单击有"×"标记的部位→ ↙

修剪结果如图 13-33c 所示。

6）画已知圆弧部分，操作如下：

单击 → INT ↙→单击两条基准线的交点→15 ↙→ ↙→@ 65，0 ↙→10 ↙

作图结果如图 13-33d 所示。

7）画中间圆弧部分，操作如下：

单击 →15 ↙ →单击基准线 1→单击基准线 1 上方一点→ ↙

单击 →T ↙→单击直线 3→ 单击有"×"标记的部位→50 ↙

作图结果如图 13-33e 所示。

8）画连接圆弧部分，操作如下：

单击 →T ↙→单击 R50mm 的圆→单击 R15mm 的圆→12 ↙

作图结果如图 13-33f 所示。

9）整理图形，操作如下：

单击 →单击标有"□"标记的图线→ ↙

使用"TRIM"命令整理图形，结果如图 13-33g 所示。

10）镜像复制图形，操作如下：

单击 → ↙→单击基准线 1 的左端点→单击基准线 1 的右端点→ ↙

作图结果如图 13-33h 所示。

11) 将基准线 1 改用点画线表示，操作如下：

单击⬚→单击基准线 1→单击"特性"对话框的"图层"项右侧，在下拉列表框中选择"点画线"，然后关闭"特性"对话框，并按 < Esc > 键退出。最后，所绘图形如图 13-33i 所示。

12) 用"保存"命令将图形保存为"手柄.dwg"文件。

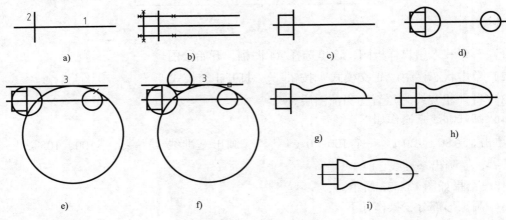

图 13-33　绘制手柄过程

13.5　绘制组合体的三面投影图

本节将进一步介绍绘图命令和图形编辑命令，并结合实例说明绘制组合体三面投影图的方法和步骤。

13.5.1　绘图命令

1. "XLINE"（构造线）命令

构造线是指无限长的直线（即参照线）。命令输入方式如下：

功能区："常用"选项卡→ 绘图 ▾ → ⬚

键盘输入：XLINE 或 XL

【例 13-11】　画两条相交直线的角平分线，如图 13-34 所示。

单击 ⬚ →B↵→单击 P1 点→单击 P2 点→单击 P3 点→↵

说明：XLINE（构造线）命令用于通过一点画水平的、垂直的或倾斜某一角度的构造线，或者通过两点画一条构造线，还可以画角的平分线或画与指定直线平行的构造线。

2. "POLYGON"（正多边形）命令

"POLYGON"命令用于绘制正多边形。正多边形是一种多段线对象，其宽度为零。命令输入方式如下。

功能区："常用"选项卡→"绘图"面板→ 绘图 ▾ → ⬠

键盘输入：POLYGON 或 POL

【例 13-12】 用内切圆方式绘制正六边形，如图 13-35 所示。

单击 [⬠]→6 ✓→50，50 ✓→C ✓→5 ✓

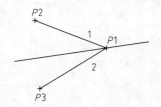

图 13-34 用构造线命令画角平分线　　图 13-35 绘制正六边形

说明："边（E）"选项表示通过指定第一条边的两个端点来定义正多边形。

13.5.2 图形编辑命令

1. "COPY"（复制）命令

"COPY"命令用来对对象做一次或多次复制，并复制到指定位置。命令输入方式如下：

功能区："常用"选项卡→"修改"面板→[⧉]

键盘输入：COPY 或 CO 或 CP

快捷菜单：选定要复制的对象，在绘图区域单击右键，在弹出的菜单中选择"⧉复制选择（Y）"

【例 13-13】 将原图从 $P1$ 点复制到 $P2$ 点，如图 13-36a、b 所示。

单击 [⧉]→单击 $P3$ 点→单击 $P4$ 点→✓→单击 $P1$ 点→单击 $P2$ 点→✓

作图结果如图 13-36b 所示。

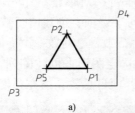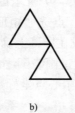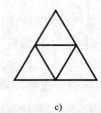

a)　　　　　　　b)　　　　　　　c)

图 13-36 复制图形

说明：一般来说，"多个"复制模式为默认状态，即可以进行多重复制。例如，例 13-13 中，如果要做二次复制，只需在单击 $P2$ 点之后，继续单击 $P5$ 点，结果如图 13-36c 所示。

2. MOVE（移动）命令

"MOVE"命令用于将指定的对象平移到一个新的位置，如图 13-37 所示。命令输入方式如下：

功能区："常用"选项卡→"修改"面板→[✛]

键盘输入：MOVE 或 M

【例 13-14】 将图 13-37 中左侧的三角形移动到右侧图示位置。

选择左侧的三角形→✓→单击 *P*1 点→单击 *P*2 点

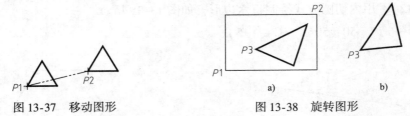

图 13-37　移动图形　　　　　　　　　　图 13-38　旋转图形

3.　"ROTATE"（旋转）命令

"ROTATE" 命令用于将选定的对象绕指定的基点旋转某一角度。当角度大于零时，按逆时针方向旋转；当角度小于零时，按顺时针方向旋转。命令输入方式如下：

功能区："常用" 选项卡→"修改" 面板→◯

键盘输入：ROTATE 或 RO

快捷菜单：选择要旋转的对象，在绘图区域右击，在弹出的菜单中选择 "◯ 旋转（R）"

【例 13-15】　将图 13-38a 中的图形转 30°，结果如图 13-38b 所示。

单击◯→W✓→单击 *P*1 点→单击 *P*2 点→✓→单击 *P*3 点→30✓

说明：选择 "参照（R）" 选项表示以参照方式旋转对象。即首先通过输入值或指定两点来指定一个角度，或者按 < Enter > 键使用零角度；然后，指定对象旋转后的角度。

4.　"ARRAY"（阵列）命令

"ARRAY" 命令用于对选定图形按矩形或环形阵列复制图形。命令输入方式如下：

功能区："常用" 选项卡→"修改" 面板→▦

键盘输入：ARRAY 或 AR

执行 "阵列" 命令后，弹出图 13-39 所示的 "阵列" 对话框。单击对话框右上角的 "选择对象" 按钮选择要阵列的图形。点选 "矩形阵列" 选项，创建由行数和列数所定义的阵列，如图 13-39a 所示。其需输入或在屏幕上确定 "行数" "列数" "行偏移" "列偏移" 等数值。点选 "环形阵列" 选项，通过围绕圆心复制选定图形来创建阵列，如图 13-39b 所示。此时需输入或在屏幕上确定阵列中心点坐标数值、项目总数和填充角度等。

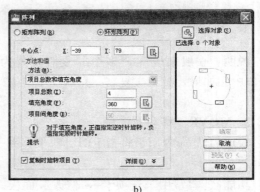

a)　　　　　　　　　　　　　　　　　b)

图 13-39　"阵列" 对话框

5. "EXTEND"（延伸）命令

"EXTEND" 命令用于延长指定的对象到选定的边界。命令输入方式如下：

功能区："常用" 选项卡→"修改" 面板→ [图标] 或 [图标] → [图标] 延伸

键盘输入：EXTEND 或 EX

【例 13-16】 延伸图 13-40a 中的上下两个圆弧，使其与外圆相交，结果如图 13-40d 所示。

单击 [图标] 延伸→单击外圆→↙ →单击内侧上段圆弧 →单击内侧下段圆弧 →↙

a)　　　　　　　b)　　　　　　　c)　　　　　　　d)

图 13-40　延伸对象

说明：延伸对象总是从距离对象选择点最近的那个端点开始，延伸到最近的一条边界。

6. "LENGTHEN"（拉长）命令

使用 "LENGTHEN" 命令，可通过指定增量、百分比、总长度或光标定点等方法改变直线的长度或圆弧的圆心角度。拉长对象将从距目标拾取点近的那个端点开始。改变对象长短时，一般先设定拉长量，再选取要拉长的对象。命令输入方式如下：

功能区："常用" 选项卡→ [修改 ▼] → [图标]

键盘输入：LENGTHEN 或 LEN

【例 13-17】 将一直线延长三个单位。

单击 [图标] →DE ↙→3 ↙→选择直线要拉长的一端→↙

7. "BREAK"（打断）命令

"BREAK" 命令用于擦除直线、圆弧或圆等对象上两个指定点间的部分，或者将它们从某一点处切断为两个对象，如图 13-41 所示。图中双点画线表示被擦除的部分。命令输入方式如下：

功能区："常用" 选项卡→ [修改 ▼] → [图标]

键盘输入：BREAK 或 BR

【例 13-18】 擦除圆上 $P1$、$P2$ 点之间的一段弧，如图 13-41 所示。

单击 [图标] →F ↙→单击 $P1$ 点→单击 $P2$ 点

说明：执行 "BREAK" 命令时，输入的第二个点可以不在切断对象上。若切断对象为圆，则按逆时针方向擦除两点之间的弧。

8. "CHAMFER"（倒角）命令

"CHAMFER" 命令用于将两条相交的直线切出倒角。执行该命令时首先应设置两个倒角距离或一个倒角距离和一个角度，然后再选择两条直线进行倒角操作。命令输入方式如下：

功能区："常用" 选项卡→"修改" 面板→ [图标] 或 [图标] → [图标] 倒角

键盘输入：CHAMFER 或 CHA

【例 13-19】 对两条直线进行倒角，如图 13-42 所示。

单击 图标 倒角 →D ↙→3 ↙→3 ↙→单击 P1 点→单击 P2 点

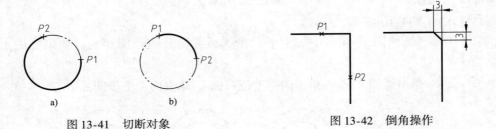

图 13-41 切断对象

图 13-42 倒角操作

9. "FILLET"（圆角）命令

"FILLET" 命令利用给定半径的圆弧分别与两指定对象相切。命令输入方式如下：

功能区："常用" 选项卡→"修改" 面板→ 图标 或 图标 · → 图标 圆角

键盘输入：FILLET 或 F

【例 13-20】 用半径为 15mm 的圆弧连接两直线，如图 13-43 所示。

单击 图标 →R ↙→5 ↙→单击 P1 点→单击 P2 点

10. "SCALE"（比例缩放）命令

"SCALE" 命令用于将对象按指定的比例因子相对基点进行缩放变换。比例因子大于 1，对象放大；比例因子介于 0 和 1 之间，对象缩小。命令输入方式如下：

功能区："常用" 选项卡→"修改" 面板→ 图标

键盘输入：SCALE 或 SC

快捷菜单：选择要缩放的对象，右击绘图区域，在弹出的菜单中选择 " 图标 缩放（L）"

【例 13-21】 将图 13-44a 中的矩形缩小到原来的 40%，结果如图 13-44b 所示。

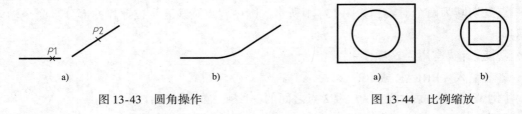

图 13-43 圆角操作

图 13-44 比例缩放

单击 图标 →选中矩形→↙→单击圆心→0.4 ↙

11. "MATCHPROP"（特性匹配）命令

"MATCHPROP" 命令用于将选定对象（源对象）的特性（颜色、图层、线型等）应用到其他对象（目标对象）上。命令输入方式如下：

功能区："常用" 选项卡→"剪贴板" 面板→ 图标

键盘输入：MATCHPROP

13.5.3 绘图举例

使用前面介绍的各种图形编辑命令和绘图命令，绘制一个组合体的三面投影图。主要方法是：先按图形的尺寸画出图形的大致轮廓，再用各种编辑命令修改，最终画出一幅完整的图样。

【例 13-22】 绘制图 13-45 所示的组合体的三面投影。

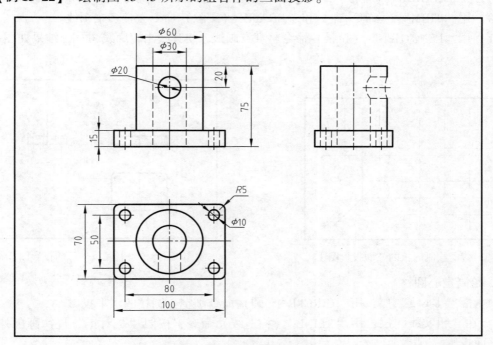

图 13-45 组合体的三面投影

作图方法和步骤并非唯一，下面给出的仅供参考：

1. 加载用户样板图

装入用户样板图 "A3. dwt"。

2. 绘制基准线和辅助作图线

组合体的三面投影图要符合"长对正、高平齐、宽相等"的投影规律。因此，在绘制图形之前，应首先画出三面投影图的基准线和 45°辅助作图线，以确定其在图幅中的大致位置，如图 13-46 所示。

3. 绘制底板

1）用"OFFSET"（偏移）命令快速绘制底板三面投影图的大致轮廓，结果如图 13-47 所示。

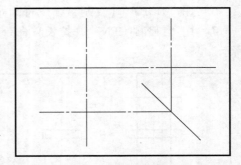

图 13-46 画基准线和 45°辅助作图线

2）用"TRIM"（修剪）命令和"ERASE"（删除）命令去掉多余图线。

3）用"PROPERTIES"（特性）命令更改部分图线到"粗实线"层。

4）用"FILLET"（圆角）命令画出底板四个圆角的水平投影。

5）用"OFFSET"（偏移）命令画出底板上一个小圆柱孔的轴线位置的三面投影。

6）在"粗实线"层，用"CIRCLE"（圆）命令画出底板上一个小圆柱孔的水平投影。

7）在"虚线"层，用"LINE"（直线）命令画出底板上一个小圆柱孔的正面投影和侧面投影。

8）用"ARRAY"（阵列）命令画出底板上四个小圆柱孔的水平投影。

9）用"MIRROR"（镜像）命令画出底板上四个小圆柱孔的正面投影和侧面投影。

10）用"TRIM"（修剪）命令和"ERASE"（删除）命令去掉多余图线。

11）用"LENGTHEN"（拉长）命令整理点画线，使其超出轮廓线3mm，结果如图13-48所示。

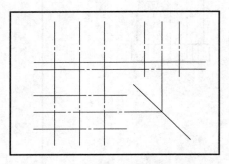

图13-47　绘制底板的三面投影图 I

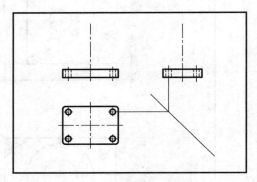

图13-48　绘制底板的三面投影图 II

4. 绘制空心圆柱

1）在"粗实线"层，用"CIRCLE"（圆）命令画空心圆柱的水平投影。

2）在"粗实线"层，用"XLINE"（构造线）命令，按照"长对正"规律画出外圆柱面的正面投影。

3）在"虚线"层，用"XLINE"（构造线）命令，按照"长对正"规律画出内圆柱面的正面投影。

4）用"OFFSET"（偏移）命令画空心圆柱上底面的正面投影，结果如图13-49所示。

5）用"TRIM"（修剪）命令和"ERASE"（删除）命令去掉多余图线。

6）用"COPY"（复制）命令将圆筒的正面投影复制到侧面投影图上。

7）用"LENGTHEN"（拉长）命令整理点画线，使其超出轮廓线3mm，结果如图13-50所示。

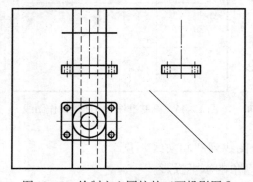

图13-49　绘制空心圆柱的三面投影图 I

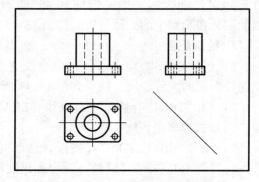

图13-50　绘制空心圆柱的三面投影图 II

5. 绘制圆柱孔

1）在"粗实线"层，用"CIRCLE"（圆）命令画圆柱孔的正面投影。

2）在"虚线"层，用"LINE"（直线）命令画圆柱孔的水平投影。

3）在"虚线"层，用"XLINE"（构造线）命令及 45°辅助作图线，按照"宽相等"规律找到点 $P1 \sim P6$ 的侧面投影，结果如图 13-51 所示。

4）在"虚线"层，用"CIRCLE（圆）"命令的过三点画圆法，画出圆柱孔与空心圆柱相贯线的侧面投影。

5）在"虚线"层，用"LINE"（直线）命令画出圆柱孔的侧面转向轮廓线的投影。

6）用"TRIM"（修剪）命令和"ERASE"（删除）命令去掉多余图线。

7）用"LENGTHEN"（拉长）命令整理点画线，使其超出轮廓线 3mm。至此，完成全图，结果如图 13-52 所示。

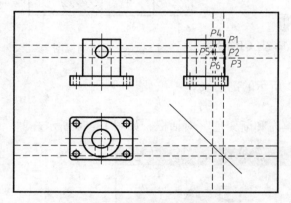

图 13-51　绘制圆柱孔的三面投影图 I

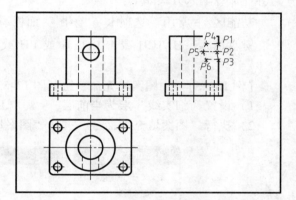

图 13-52　绘制圆柱孔的三面投影图 II

13.6　绘制零件图

本节将系统介绍一些绘图、文字书写和尺寸标注命令，并采用实例说明绘制零件图的方法和步骤。

13.6.1　绘图命令

1. "PLINE"（多段线）命令

"PLINE"命令用于绘制二维多段线。二维多段线是由可变宽度的直线段与圆弧组成的一个对象。命令输入方式如下：

功能区："常用"选项卡→"绘图"面板→ [图标]

键盘输入：PLINE 或 PL

【例 13-23】　用多段线命令绘制箭头。

单击 [图标] →单击一点→W ↙ →0 ↙ →0.7 ↙ →L ↙ →3 ↙

2. "SPLINE"（样条曲线）命令

"SPLINE"命令用于绘制二次或三次样条曲线，即非均匀有理 B 样条（NURBS）曲线。

样条曲线通过或接近各数据点，该命令还可用于将多段线的拟合样条曲线转换为样条曲线。图形中的波浪线也可用"SPLINE"命令绘制。命令输入方式如下：

功能区："常用"选项卡→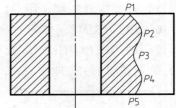

键盘输入：SPLINE 或 SPL

【例 13-24】　用样条曲线命令绘制图 13-53 所示局部剖视图的波浪线。

单击$\boxed{\sim}$→NEA ↙→单击 $P1$ 点→单击 $P2$ 点→单击 $P3$ 点→单击 $P4$ 点→NEA ↙→单击 $P5$ 点→↙ →↙ →↙

3."BHATCH"（图案填充）命令

"BHATCH"命令用于在封闭边界内绘制选定的图案。该命令能在指定点周围自动寻找封闭边界，也可由用户指定边界。命令输入方式如下：

功能区："常用"选项卡→"绘图"面板→ 图

键盘输入：HATCH 或 BHATCH 或 BH 或 H 或 GRADIENT

图 13-53　局部剖视图

【例 13-25】　用图案填充命令绘制图 13-53 所示的剖面线。

1）设置"细实线"层为当前层。

2）执行"图案填充"命令，打开"图案填充和渐变色"对话框，如图 13-54 所示。

图 13-54　"图案填充和渐变色"对话框

3）在"类型（Y）"下拉列表框中选择"用户定义"。

4）在"角度（G）"下拉列表框中选择"45"。

5）在"间距（C）"文本框中输入剖面线间距 3（数值大小根据剖面线区域来定）。

6）单击"添加：拾取点"（▣）按钮，回到图中点取要画剖面线的封闭区域。可连续选择几个封闭区域，最后按 < Enter > 键结束；或者单击"添加：选择对象"（▣）按钮，由用户在图中指定边界。

7）单击"预览"按钮，确认无误后按 < Enter > 键完成剖面线绘制。

13.6.2　文字书写

书写文字是工程图样上的一项重要内容。图样上的文字主要有数字、字母和汉字等，数字和字母是一类，汉字则是另一类。在 AutoCAD 中要用"文字样式"命令分别定义这两种文字。

1. "STYLE"（文字样式）命令

"STYLE"命令用于定义和修改书写文字时使用的样式。命令输入方式如下：

功能区："常用"选项卡→ 注释 ▼ → A↗

功能区："注释"选项卡→"文字"面板→ ⬎

键盘输入：STYLE 或 ST

【例 13-26】　设置 FS 和 GB 两种文字样式，并存入用户样板图中。

FS 文字样式用于书写汉字的仿宋体。GB 文字样式用于书写字母、数字、符号等，是《技术制图》国家标准要求的文字样式。设置这两种文字样式的操作步骤如下：

1）首先，使用"NEW"（新建）或"QNEW"（快速新建）命令装入用户样板图"A3. dwt"。

2）然后，执行"STYLE"命令，弹出"文字样式"对话框，如图 13-55 所示。

3）单击"新建（N）..."按钮，弹出"新建文字样式"对话框，如图 13-56 所示；输入 FS 样式名后单击"确定"按钮，返回"文字样式"对话框。

4）在"字体名（F）"下拉列表框中选择"仿宋_ GB2312"。

5）在"宽度因子（W）"文本框中输入 0.7。（汉字为长仿宋体）

6）单击"应用（A）"按钮，FS 文字样式设置完成。

7）单击"新建（N）..."按钮，输入 GB 样式名后，单击"确定"按钮。

8）在"字体名（F）"下拉列表框中选择"isocp. shx"。

9）在"倾斜角度（O）"文本框中输入 15（数字和字母均为斜体）。

10）单击"应用"按钮，完成 GB 文字样式设置。

11）使用"SAVEAS"（另存为）命令保存用户样板图"A3. dwt"。

2. "TEXT"（单行文字）命令

"TEXT"命令用于在绘图区域增加单行或多行文字说明。输入文字时，在插入点处显示一个字高大小的光标，指示输入字符的位置，随着文字的输入在屏幕上展开一个矩形框；结束一行文字输入时按一次 < Enter > 键，可以连续输入多行。结束"TEXT"命令需再按 < Enter > 键。

图 13-55 "文字样式"对话框

功能区："常用"选项卡→"注释"面板→→A 单行文字

"注释"选项卡→"文字"面板→单行文字→A 单行文字

键盘输入：TEXT 或 DT 或 DTEXT

【例 13-27】 用单行文字命令书写图 13-57 所示的文字。

单击 A 单行文字 →S ↙→FS（选择设置好的仿宋字体）↙→单击一点（指定文字的起点）→7 ↙（指定字高）→↙→键入"技术要求"↙→↙

图 13-56 "新建文字样式"对话框   图 13-57 书写汉字

在书写文字时，大多数文字、符号都可以从键盘上输入，但有一些特殊字符在键盘上没有相应的键表示，如工程图上常见的直径尺寸符号"φ"、角度单位"°"等，它们不能直接从键盘上输入。AutoCAD 提供了控制码，可用于绘制特殊字符。控制码用%%开头，后跟三位数的 ASCII 码或者一个字母来表示一个字符。例如，用%%065 表示字母"A"，用%%c 表示"φ"等。一些常用符号的控制码如下：

%%c 表示直径尺寸符号"φ"；

%%d 表示角度的单位"°"；

%%p 表示公差符号"±"。

它们的输入方法如下：

书写 45°，应输入 45%%d；

书写 φ100±0.017，应输入%%c100%%p0.017。

13.6.3 尺寸标注

尺寸标注是工程图样的一项重要内容。AutoCAD 具有很强的尺寸标注功能，而且操作简便。通过对尺寸标注样式的设置，可使标注出的尺寸基本符合我国的制图标准。这里将详细说明尺寸标注样式的设置和尺寸标注命令。

1. "DIMSTYLE"（尺寸标注样式）**命令**

尺寸标注样式是指组成尺寸的各部分如尺寸界线，尺寸线，箭头，尺寸文字的颜色、大小、位置等。在同一尺寸标注样式下，标注的尺寸将随尺寸标注样式中有关变量的变动而变化。命令输入方式如下：

功能区："常用"选项卡→ 注释 ▾ →✎

功能区："注释"选项卡→"标注"面板→↘

键盘输入：DIMSTYLE 或 D 或 DDIM 或 DST 或 DIMSTY

执行"DIMSTYLE"命令后，弹出图 13-58 所示的"标注样式管理器"对话框。

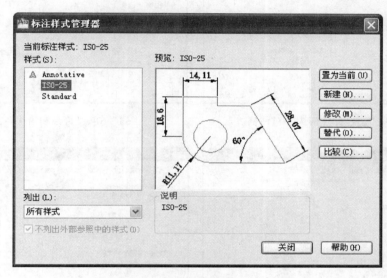

图 13-58　"标注样式管理器"对话框

对话框主要选项的含义如下：

（1）"新建（N）..."按钮用于创建新的标注样式　单击该按钮，弹出图 13-59 所示的"创建新标注样式"对话框。对于新样式，用户仅需修改那些与基础样式不同的特性。在对话框中还可指定新样式的应用范围，并创建一种仅适用于特定标注类型的样式设置，如"角度标注"。设置完新样式名，单击"继续"按钮，弹出图 13-60 所示的"新建标注样式：副本 ISO-25"对话框。该对话框包含"线""符号和箭头""文字""调整""主单位""换算单位"和"公差"七个选项卡。

（2）"修改（M）..."按钮用于修改已有的标注样式。

1）"线"选项卡用于设置尺寸线、尺寸界线的类型、大小和颜色，如图 13-60 所示。

2）"符号和箭头"选项卡用于设置箭头、圆心标记的形式和大小等，如图 13-61 所示。

3）"文字"选项卡用于设置尺寸文字的外观、位置以及对齐方式等，如图 13-62 所示。

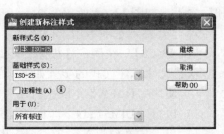

图 13-59　"创建新标注样式"对话框

4）"调整"选项卡用于设置尺寸文字、箭头、引线和尺寸线的放置位置，如图13-63所示。

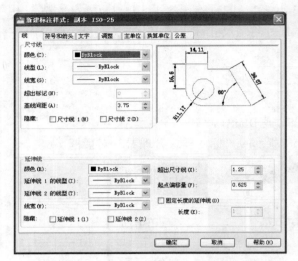

图13-60 "新建标注样式"对话框

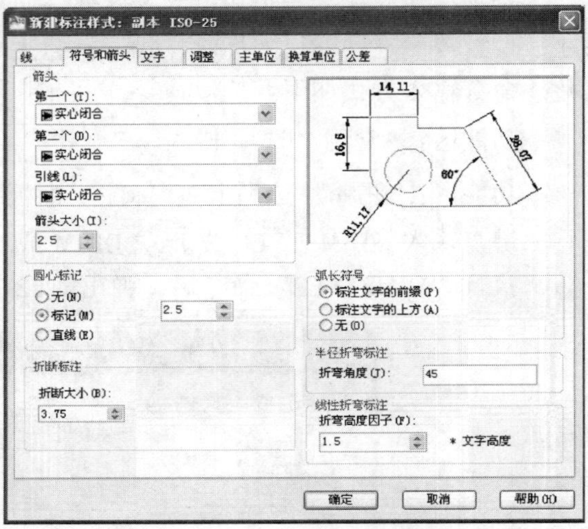

图13-61 "符号和箭头"选项卡

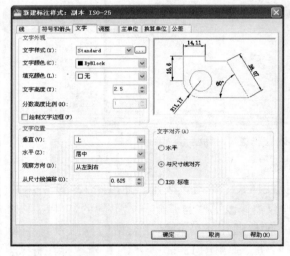

图13-62 "文字"选项卡

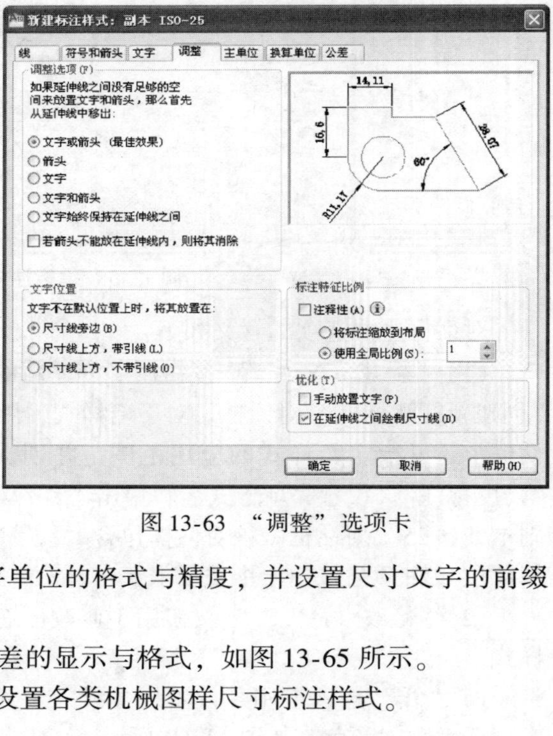

图13-63 "调整"选项卡

5）"主单位"选项卡用于设置主尺寸文字单位的格式与精度，并设置尺寸文字的前缀和后缀等，如图13-64所示。

6）"公差"选项卡用于控制尺寸文字中公差的显示与格式，如图13-65所示。

【例13-28】 在用户样板图"A3. dwt"中设置各类机械图样尺寸标注样式。

新建尺寸标注样式的步骤如下：

1）使用"QNEW"（快速新建）或"NEW"（新建）命令装入用户样板图"A3. dwt"。

2）执行"DIMSTYLE"（标注样式）命令，弹出"标注样式管理器"对话框。

3）单击"新建（N）..."按钮，弹出"创建新标注样式"对话框。在"新样式名"文本框中输入"机械图样"，再单击"继续"按钮，弹出"新建标注样式"对话框。

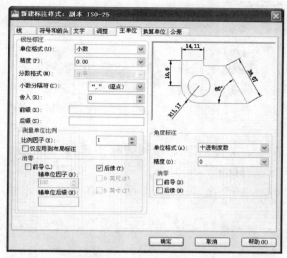

图 13-64 "主单位"选项卡

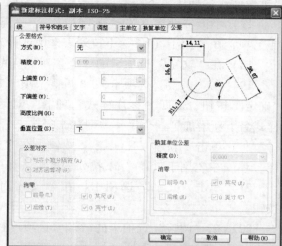

图 13-65 "公差"选项卡

4）在"线"选项卡的"尺寸线"选项区，修改"基线间距（A）"的值为 7。

5）在"延伸线"选项区，修改"超出尺寸线（X）"的值为 2、"起点偏移量（F）"的值为 0。

6）在"符号和箭头"选项卡的"箭头"选项区，修改"箭头大小（I）"的值为 3。

7）在"圆心标记"选项区选择"无"单选按钮，在"弧长符号"区选择"标注文字的前缀（P）"单选按钮。

8）单击"文字"选项卡，在"文字外观"选项区，修改"文字样式（Y）"为 GB。如果下拉列表框中没有这个文字样式，则单击该选项右端的 … 按钮，新定义一种文字样式。修改"文字高度（T）"的值为 3.5。

9）在"文字位置"选项区，修改"从尺寸线偏移（O）"为 1。

10）在"主单位"选项卡的"线性标注"选项区，修改"小数分隔符（C）"为"."（句点），"精度（O）"设为"0"。

11）单击"确定"按钮，返回"标注样式管理器"对话框。在"样式（S）"列表框中增加了一个新尺寸标注样式名"机械图样"。

12）单击"新建（N）..."按钮，弹出"创建新标注样式"对话框。

13）在"基础样式（S）"下拉列表框中选择"机械图样"项，在"用于（U）"下拉列表框中选择"线性标注"项，单击"继续"按钮，再单击"确定"按钮，返回"标注样式管理器"对话框。在"样式（S）"列表框中"机械图样"样式名下新增加了一个尺寸类型"线性"。

14）单击"新建（N）..."按钮，在"基础样式（S）"下拉列表框中选择"机械图样"项，在"用于（U）"下拉列表框中选择"角度标注"项，单击"继续"按钮。

15）在弹出的"新建标注样式"对话框中"文字"选项卡的"文字位置"选项区，修改"垂直（V）"为"居中"，在"文字对齐（A）"选项区，选择"水平"单选按钮。

16）单击"确定"按钮，返回"标注样式管理器"对话框。在"样式（S）"列表框中

"机械样式"样式名下新增加了一个尺寸类型"角度"。

17）单击"新建（N）..."按钮，在"基础样式（S）"下拉列表框中选择"机械图样"项，在"用于（U）"下拉列表框中选择"半径标注"项，单击"继续"按钮。

18）在"文字"选项卡的"文字对齐（A）"选项区，选择"ISO标准"单选按钮。

19）在"调整"选项卡的"调整选项（F）"选项区，选择"文字"单选按钮。单击"确定"按钮，返回"标注样式管理器"对话框。在"样式（S）"列表框中"机械图样"样式名下新增加了一个尺寸类型"半径"。

20）单击"新建（N）..."按钮，在"基础样式（S）"下拉列表框中选择"机械图样"项，在"用于（U）"下拉列表框中选择"直径标注"项，单击"继续"按钮。

21）单击"文字"选项卡，在"文字对齐（A）"选项区，选择"ISO标准"单选按钮。

22）在"调整"选项卡的"调整选项（F）"选项区，选择"文字或箭头"单选按钮。单击"确定"按钮，返回"标注样式管理器"对话框。在"样式（S）"列表框中"机械图样"样式名下新增加了一个尺寸类型"直径"。

23）单击尺寸标注样式名"机械图样"，再单击"置为当前（U）"按钮，"机械图样"样式为当前标注样式。至此，"机械图样"尺寸标注样式设置完成。

24）如再单击"新建（N）..."按钮，还可以创建另一新尺寸标注样式。如不再创建新标注样式，则单击"关闭"按钮，结束"DIMSTYLE"（尺寸标注样式）命令。

25）使用"SAVEAS"（另存为）命令，重新保存样板图"A3. dwt"。

注意：在零件图中，有时需要标注半线尺寸或带极限偏差的尺寸等，可通过设置新的尺寸样式来实现，方法如下：

① 对半线尺寸，可通过在"线"选项卡中隐藏"尺寸线1（M）"和"延伸线1（1）"或"尺寸线2（D）"和"延伸线2（2）"来建立新的尺寸样式。

②对带极限偏差的尺寸，在"公差"选项卡中"方式（M）"设为"极限偏差"；"精度（P）"设为"0.000"；"高度比例（H）"是指极限偏差数值字高与公称尺寸数值字高的比值，一般设为"0.67"；"垂直位置（S）"设为"下"；输入相应的上、下偏差来建立新的尺寸样式。"下偏差（W）"的数值自带负号，如想得到正的下偏差值，需在数值前加上负号。

2. 尺寸标注命令

不同类型的尺寸应使用不同的尺寸标注命令，注出的尺寸按当前尺寸样式设置的形式显示。

（1）线性尺寸 "DIMLINEAR"（线性）命令可以标注水平、垂直或倾斜一定角度的线段尺寸。命令输入方式如下：

键盘输入：DIMLINEAR 或 DLI

功能区："常用"选项卡→"注释"面板→ 线性

功能区："注释"选项卡→"标注"面板→

【例13-29】 标注图13-66所示图形的尺寸。水平尺寸87mm用指定两尺寸界线起点的方法注出，垂直尺寸44mm和倾斜尺寸72mm用指定对象的方法注出。

单击 ⊢⊣线性 →单击 *P1* 点→单击 *P2* 点→单击 *P3* 点

单击 ⊢⊣线性 →↙ → 单击 *P4* 点→ 单击 *P5* 点

单击 ⊢⊣线性 →↙→单击 *P6* 点→R ↙→ 34 ↙→单击 *P7* 点

（2）对齐尺寸 "DIMALIGNED"（对齐）命令标注出尺寸线与所选对象平行的尺寸，或者说尺寸线与两尺寸界线起点连线平行，如图 13-67 所示。命令输入方式如下：

功能区："常用"选项卡→"注释"面板→

⊢⊣线性 → ↗ 对齐

键盘输入：DIMALIGNED 或 DAL

（3）基线尺寸 "DIMBASELINE"（基线）命令标注与前一个尺寸有共同的第一条尺寸界线且尺寸线相互平行的尺寸，如图 13-68 所示。命令输入方式如下：

功能区："注释"选项卡→"标注"面板→⊢⊢⊢▼→⊢⊢基线

键盘输入：DIMBASELINE 或 DBA

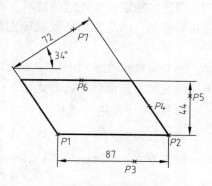

图 13-66　线性尺寸

【例 13-30】　标注图 13-69 所示两个尺寸，尺寸 20mm 刚注出，接着标注尺寸 40mm。

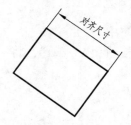

图 13-67　对齐尺寸

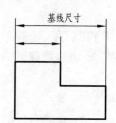

图 13-68　基线尺寸

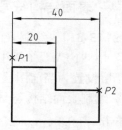

图 13-69　基线尺寸

单击 ⊢⊢基线 →单击 *P1* 点→单击 *P2* 点→↙

说明：

1）"选择（S）"项表示选择共基线的前一个尺寸。

2）该命令可连续标注若干个基线尺寸，最后按 < Ese > 键或按两次 < Enter > 键结束。

（4）连续尺寸　连续尺寸是以前一个尺寸的第二条尺寸界线作为下一个尺寸的第一条尺寸界线，并且两尺寸线位于同一直线上，如图 13-70 所示。命令输入方式如下：

功能区："注释"选项卡→"标注"面板→⊢⊢▼→⊢⊢⊢连续

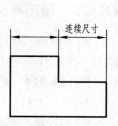

图 13-70　连续尺寸

键盘输入：DIMCONTINUE 或 DCO

（5）直径和半径尺寸 "DIMDIAMETER"（直径）命令和 "DIMRADIUS"（半径）命令用于标注圆或圆弧的直径、半径尺寸，它们的命令提示及选择项完全相同。命令输入方式如下：

功能区："常用"选项卡→"注释"面板→━━线性 ▾ →◯直径 或 ◯半径

键盘输入：DIMDIAMETER 或 DDI 或 DIMRADIUS 或 DRA

说明：

用光标确定尺寸线的位置时，光标移动，尺寸线跟着光标绕圆心转，同时尺寸文字也跟随光标移动。因此，光标既能确定尺寸线的位置，又能确定尺寸文字是放在圆内还是放在圆外。

（6）角度尺寸 "DIMANGULAR"（角度）命令用于标注两直线间的夹角、圆弧的圆心角等角度尺寸。命令输入方式如下：

功能区："常用"选项卡→"注释"面板→━━线性 ▾ →△角度

功能区："注释"选项卡→"标注"面板→标注 ▾ →△角度

键盘输入：DIMANGULAR 或 DAN

说明：

1）如果选择圆弧，自动确定圆弧的端点为角度尺寸的两尺寸界线的起点，圆弧的圆心是角度的顶点。

2）如果选择圆，则圆心为角度顶点，对象选择点为第一条尺寸界线的起点。

3）如果选择直线，将标注两直线间的夹角。

13.6.4 表面结构符号

【例13-31】 绘制表面结构符号，并将其存入样板图"A3.dwt"中。

1）用"NEW"（新建）或"QNEW"（快速新建）命令装入样板图"A3.dwt"，将"细实线"层设置为当前图层。

2）绘制表面结构符号，如图13-71所示。

单击 ▱ →0.8，1.4 ↙ →-0.8，1.4 ↙ →0，0 ↙ →1.6，2.8 ↙ →3.2，2.8 ↙ →↙

3）使用缩放命令，等比例放大图形。

单击 ▱ →窗选表面结构符号→单击点（0，0）→

3.5 ↙

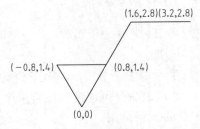

图13-71 绘制表面结构符号

13.6.5 绘图举例

使用前面介绍的绘图、文字书写和尺寸标注命令，绘制一个零件图。

【例13-32】 绘制图13-72所示的杠杆零件图。

作图方法和步骤并非唯一，下面给出的仅供参考：

1. 加载用户样板

装入用户样板图"A3.dwt"，该样板图保存了设置好的绘图环境、文字样式和尺寸标注样式。

2. 绘制杠杆的三视图

首先使用各种绘图命令，完成杠杆轮廓线的绘制。需要注意小的工艺结构，如铸造圆角、倒角等。使用"SPLINE"（样条曲线）命令和"BHATCH"（图案填充）命令，绘制剖

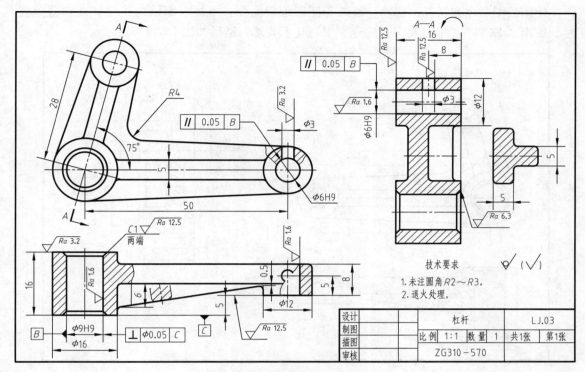

图 13-72 杠杆的零件图

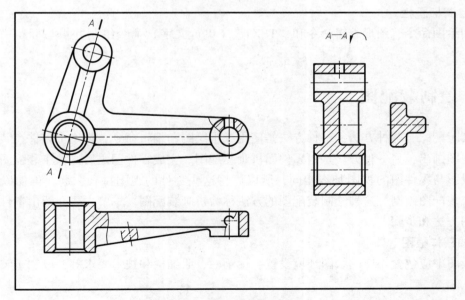

图 13-73 杠杆的三视图

视图和断面图。注意剖切符号、字母和旋转符号的绘制，如图 13-73 所示。

3. 尺寸标注与技术要求

采用各种尺寸标注命令，在杠杆三视图中添加尺寸。需要注意倒角、角度等尺寸的标注。

使用绘图命令和复制、移动、旋转等图形编辑命令，添加表面结构代号和几何公差代号。使用"TEXT"（单行文字）命令，书写技术要求，结果如图 13-74 所示。

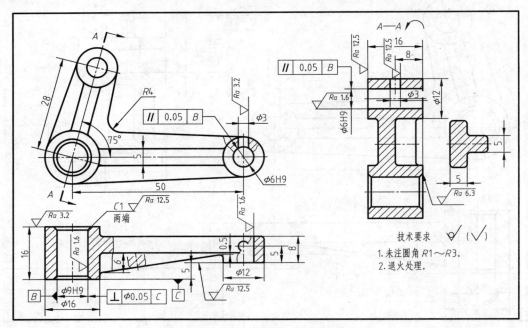

图 13-74　尺寸标注和技术要求

4. 绘制标题栏

使用绘图命令、图形编辑命令和"TEXT"（单行文字）命令绘制并填写标题栏，完成全图。

13.7　绘制装配图

绘制装配图有两种方法：一种方法是使用二维绘图和编辑命令，将每个零件在装配图中的相应视图画出；另一种方法是由零件图拼画装配图。完成零件图之后，由于装配图上许多零件的投影与零件图的视图基本相同，所以可将这些零件的视图拼到一起，再加以适当修改，完成装配图绘制。这种绘制装配图的方法称为拼画装配图。本节主要介绍由零件图拼画装配图的方法和步骤。

1. 加载样板图

样板图中应包含相应的绘图环境设置、标题栏、明细栏和技术要求等，以利于装配图的绘制。

2. 插入零件图

打开零件图并选中需要插入的视图，使用 < Ctrl + C > 键复制所选视图；打开装配图，使用 < Ctrl + V > 键插入所选视图。插入零件图时要注意以下几点：

1）首先插入主要零件图，再插入与主要零件图相连的其他零件图。

2）装配图绘图环境的设置，如图层、颜色、线型等应尽量与各零件图的设置一致。若各零件图的绘图比例不一致，插入时应予以统一。

3）为使各零件视图定位方便，要注意插入的先后顺序。

4）为使各零件视图准确定位，插入点应用目标捕捉功能准确选定。

3. 编辑修改

视图插入后，许多应该被挡住的图线依然存在，螺纹连接处的画法、剖面线的间隔和方向等都可能会有错误，需要用编辑命令进行修改。

1）要修剪（TRIM）多余的投影，注意随时放大要修剪部分的图形，以利于操作。从插入第二个零件视图起，最好每插入一个零件视图即做修剪处理。

2）当内外螺纹重叠时，应注意修剪掉内螺纹小径线上的重叠部分。要选择重叠或相距很近的对象可使用循环选择方式，即按 < Ctrl > 键选择对象。

3）用"PROPERTIES"（特性）命令修改剖面线的方向和间隔。

4）添加投影轮廓简单的零件和标准件的投影，并整理点画线等图线。

4. 绘制和填写其他内容

1）标注装配尺寸、绘制序号。序号引线起点的小黑点可用半径为 0.5mm 的圆代替，引线由圆心画出。

2）绘制或编辑明细栏。明细栏及其内文字可用"ARRAY"（阵列）命令来绘制。

3）用"MTEXT"（多行文字）命令或"PROPERTIES"（特性）命令填写、编辑标题栏和明细栏。

4）用"SAVE"（保存）命令保存图形。

13.8　由装配图拆画零件图

在设计过程中，常需要由装配图拆画零件图，用 AutoCAD 拆画零件图的一般步骤如下：

1. 加载样板图

首先，加载已经设置好的样板图，如"A3.dwt"。如果没有样板图，需要做如下设置：

1）设置图幅和图层。

① 用"LIMITS"（图形界限）命令、"RECTANG"（矩形）命令和"ZOOM"（缩放）命令设置绘图边界，详见例 13-2 ~ 例 13-4。

② 用"LAYER"（图层）命令新建图层并设置图层颜色和线型，详见 13.3.7 小节。

2）用"STYLE"（文字样式）命令设置字型，详见例 13-26。

3）用"DIMSTYLE"（尺寸标注样式）命令设置尺寸样式，详见例 13-28。

2. 绘图

在拆画零件图时，需要根据零件的具体形状来确定采用哪些视图，不要机械地照抄装配图的视图表达方案。对装配图因采用简化画法而未表明的零件工艺结构，如倒角、倒圆、退刀槽等，画零件图时应将其表达清楚。

分别在"粗实线""点画线""虚线"等图层上用绘图命令及编辑命令绘制图形。通常无论零件大小，应按"原大"画图，然后再用"SCALE"（缩放）命令放大或缩小图形。如果零件太大，在选定的图纸范围内按 1:1 画不下所有视图，则要修改绘图界限。画完图后再缩小图形，并改回原选定的图纸范围。有时图形可能不在图纸范围内，需要将图形平移进来。

在"剖面线"图层上用"BHATCH"（图案填充）命令画出剖面线。

3. 标注尺寸

将"尺寸"图层置为当前图层，用各种尺寸标注命令标注出所需尺寸。

装配图中注出的尺寸都很重要，在画零件图时，不得随意修改，应按原尺寸数值标注在零件图中。对于装配图中未注出的尺寸，应根据该零件的作用和加工工艺要求，在结构分析和形体分析的基础上，选择合理的基准后注出。其尺寸数值，可按装配图的比例在图中直接度量（一般应取整数）。对于某些标准结构，如键槽宽度和深度、销孔、螺纹零件的结构要素等，应查阅有关标准确定其尺寸。

4. 标注表面结构代号

表面结构代号可用绘图命令在图中直接画出，详见例13-31。

根据零件各表面的作用、要求和加工方法来确定其表面粗糙度符号、参数及数值大小。具体确定时，可参考设计手册、同类产品的图样资料等。

5. 图框、标题栏和技术要求

图框和标题栏可用绘图命令在图中直接画出，还可在样板图中建立。将定义的"FS"字体样式置为当前字样，在"文字"图层上用"TEXT"（单行文字）命令填写标题栏和书写技术要求及其他内容。

6. 保存图形

最后，对零件图的各项内容进行全面校核，并用"MOVE"（移动）命令等将视图进行合理布局（注意保持三视图的投影对应关系），满意无误后用"SAVE"（保存）命令存储图形。

第 14 章　Pro/ENGINEER 5.0 简介

Pro/ENGINEER 是美国 PTC 公司推出的 CAD/CAM 软件，自 1988 年问世以来，已逐渐成为当今世界最普及的 CAD/CAM 3D 系统的标准软件，是目前专业设计人员使用最为广泛的 CAD 工具之一。Pro/ENGINEER 软件首先提出了参数化思想，并采用单一数据库来解决特征相关性问题。Pro/ENGINEER 基于特征的方式，能够将设计至生产全过程集成到一起，实现并行设计。它采用模块化方式，使用户能够根据需要选择使用草图绘制、零件制作、装配设计、钣金设计、加工处理等过程，给用户提供了在设计上从未有过的简易和灵活。为此，在本书中选择了 Pro/ ENGINEER 5.0 软件，将其中的零件设计、装配及工程图制作等部分编入制图教材，作为 CAD 学习的基础内容。

14.1　Pro/ENGINEER 5.0 的基本操作

1. Pro/ENGINEER 5.0 用户界面

Pro/ENGINEER 5.0 根据不同功能的需要，具有多个工作模式（亦即工作类型），各个工作模式的用户界面基本一致。软件启动后，显示其最初的仅包含单一窗口的用户界面，用户必须建立或打开一个文件后，才会显示菜单与其他应用窗口。图 14-1 所示为 Pro/ENGI-NEER 5.0 零件设计工作模式默认状态的用户界面。

（1）设计工作区　界面中央面积最大的区域为设计工作区，所有模型都显示在此区域。

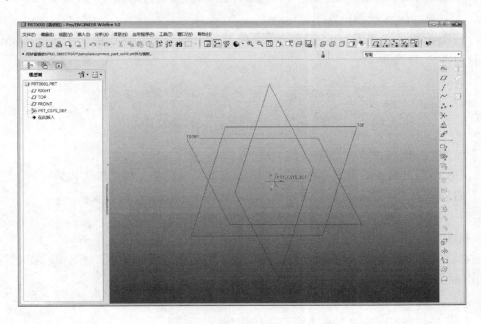

图 14-1　Pro/ENGINEER 5.0 零件设计工作模式用户界面

（2）菜单栏　与其他视窗软件一样，Pro/ENGINEER 5.0 也提供了菜单栏，它位于用户界面主视窗的最上方，操作命令按性质分类放置于各个菜单中，包括文件、编辑、视图、插入、分析、信息、应用程序、工具、窗口及帮助。

（3）工具栏　工具栏位于菜单栏下方，它包括菜单栏中一些命令的快速操作按钮，即把使用频率较高的命令，如文件的管理、视图的操作等，用图标按钮的形式放于工具栏中，以便快捷操作。

若要在工具栏中显示特定工具条，可以通过"工具"→"定制屏幕"进行设置。

2. 文件类型

1）草绘。建立 2D 草图文件，其扩展名为".sec"。

2）零件。建立 3D 零件模型文件，其扩展名为".prt"。

3）组件。建立 3D 模型安装文件，其扩展名为".asm"。

4）制造。NC 加工程序制作、模具设计，其扩展名为".mfg"。

5）绘图。建立 2D 工程图，其扩展名为".drw"。

6）格式。建立 2D 工程图图纸格式，其扩展名为".frm"。

7）报表。建立模型报表，其扩展名为".rep"。

8）图表。建立电路、管路流程图，其扩展名为".dgm"。

9）布局。建立产品组装布局，其扩展名为".lay"。

10）标记。注解，其扩展名为".mrk"。

3. 视图操作

在使用 Pro/ENGINEER 5.0 时，多数时间用户面对的是具有一定角度和方向的三维模型。熟练地控制、利用视角，能够有效地提高设计效率和质量。

（1）模型显示　Pro/ENGINEER 5.0 中显示模型的方式有四种，分别是线框模式、隐藏线模式、无隐藏线模式和着色模式。

（2）视图控制　"视图"→"方向"子菜单及"视图"工具栏提供了用于视图操作的菜单和工具，如图 14-2 所示。

图 14-2　"视图"工具栏

4. Pro/ENGINEER 5.0 基本操作

Pro/ENGINEER 5.0 的基本操作包含系统的启动、退出和文件管理等内容。

（1）启动和退出　启动 Pro/ENGINEER 5.0 可以使用以下三种方法：

1）双击桌面上用于启动 Pro/ENGINEER 5.0 的快捷方式图标。

2）利用 Windows 操作系统的"开始"菜单启动。

3）右键单击 Pro/ENGINEER 5.0 的快捷方式图标，在弹出的快捷菜单中选择"打开"。

退出 Pro/ENGINEER 5.0 可以使用以下两种方法：

1）执行"文件"→"退出"命令；

2）单击 Pro/ENGINEER 5.0 主窗口的按钮 ✖ 。

使用这两种方法进行退出操作，系统都会显示一个确认对话框，询问是否真的退出，单击"是"按钮，系统立即退出；单击"否"按钮，取消退出操作。

（2）设置当前工作目录　要设置当前工作目录，执行"文件"→"设置工作目录"命令，选定目录，单击"确定"按钮，即可完成当前工作目录的设置。

（3）文件的管理操作　文件的管理是 Pro/ENGINEER 5.0 的一项最基本的操作，是使用该软件进行设计工作的前提和保证，这里将简要介绍如何新建、打开、保存、关闭和删除文件。

1）新建文件。开始一项新工作时，首先要选择与新工作相对应的工作类型，然后再建立一个新文件名。为此，执行"文件"→"新建"命令或单击工具栏中的 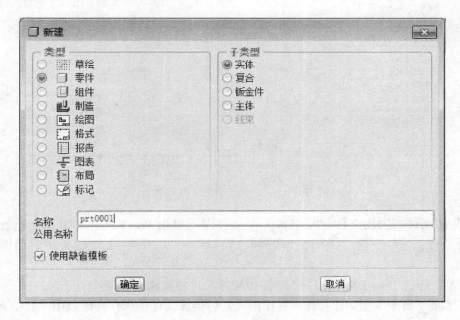 按钮，打开图14-3 所示的"新建"对话框。在对话框中，根据工作性质选择相应的工作类型，输入文件名，然后单击"确定"按钮即可新建一个文件，并进入相应类型的工作环境。其中文件的扩展名由系统根据工作类型自动添加。

图 14-3　"新建"对话框

2）保存文件。保存文件时使用"文件"→"保存"命令或单击工具栏中的 按钮，在信息窗口弹出一个文件名文本框，显示默认文件名，单击"确定"保存文件。系统在每次执行保存命令时都会复制一个文件，如文件名原为"name. prt1"，下一次保存为"name. prt2"，依此类推形成新旧版本文件。

3）保存副本。保存副本就是将文件进行备份。通常用一个新名保存文件或是将文件保存在不同的目录中。执行"文件"→"保存副本"命令或单击工具栏中的 按钮打开图14-4所示的"保存副本"对话框。对话框下方的"模型名称"和"新名称"文本框，分别用于显示原文件名及输入新文件名，要改变保存目录，可在目录下拉列表框中选择其他目录，确定新文件名和保存目录后，单击"确定"按钮即可完成文件备份。

4）打开文件。打开一个已存的文件时，执行"文件"→"打开"命令或单击工具栏中的 按钮。在弹出的图 14-5 所示的"文件打开"对话框中，指定文件所在目录和文件类型，选择文件名，单击"打开"按钮，即可打开选定的文件。"文件打开"对话框下方的"预览"按钮用于执行预览模型。

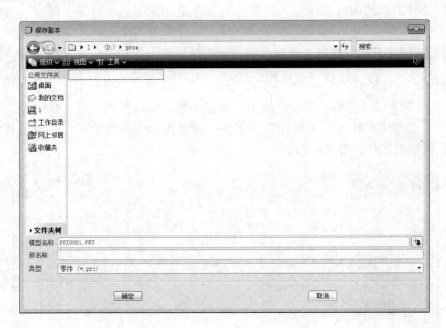

图 14-4　"保存副本"对话框

5）关闭文件。关闭文件就是结束一个文件而不退出 Pro/ENGINEER 5.0 系统。关闭文件的命令有："文件"→"关闭窗口"和"窗口"→"关闭"。文件被关闭后仍保存在内存中。

6）删除文件。Pro/ENGINEER 5.0 系统删除文件的功能有两类：

①"拭除"命令。删除保存在内存中的文件，但该文件仍保存在硬盘中。其中有两个选项："当前"选项，将当前窗口中的文件从进程中删除；"不显示"选项，将被关闭的内存中的所有文件从内存中删除。

②"删除"命令。彻底删除硬盘中的文件，其下也有两个选项："旧版本"选项，将一个文件的所有旧版本从硬盘中删除，仅保留最新版本；"所有版本"选项，将一个文件的所有版本从硬盘中全部删除。

5. Pro/ENGINEER 5.0 三维视角控制

在三维实体模型的设计中，为了能方便地在计算机屏幕上以不同的视角和方式来观察实体，Pro/ENGINEER 5.0 提供了多种控制观察方式的功能，其中包括模型的显示方式、平移、旋转、缩放和视角等，使得模型如同实物般真实存在，帮助用户操作和了解设计内容。

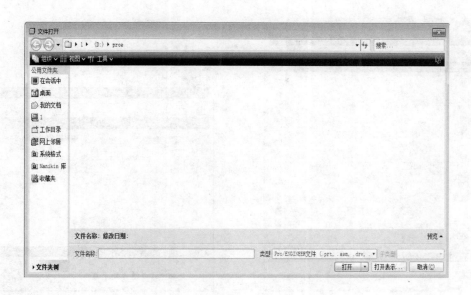

图 14-5　"文件打开"对话框

（1）模型的显示方式　Pro/ENGINEER 5.0 系统提供了四种模型显示方式，用户可以利用工具栏中的 ⊞ ⊞ □ ▣ 按钮进行切换，这四种按钮从左到右依次为线框显示、隐藏线显示、消隐显示、着色显示。

（2）平移、缩放和旋转操作　平移、缩放和旋转实体模型可以通过以下两种方式实现：

1）菜单命令。利用工具栏中的 🔍 🔍 🔍 按钮进行缩放操作；单击 🔧 按钮，打开图 14-6所示的"方向"对话框，将"类型"设定为"动态定向"，拖动对话框中的各项滑块或输入相应的数值，进行平移、缩放和旋转操作。

2）利用鼠标操作。为了操作方便，最好是使用三键鼠标，方法如下：

① ＜Ctrl＞键+鼠标中键。按住＜Ctrl＞键和鼠标中键，上下移动鼠标，可进行缩放操作。

② ＜Ctrl＞键+鼠标中键。按住＜Ctrl＞键和鼠标中键，左右移动鼠标，可进行旋转操作。

③ ＜Shift＞键+鼠标中键。按住＜Shift＞键和鼠标中键，水平移动鼠标，可进行平移操作。

（3）设置视角方向　在进行零件设计、装配等操作时，常常需要得到其主视图、俯视图或侧视图等视图，以便从不同的视角观察操作对象。设置视角的具体做法是：单击工具栏中的 🔧 按钮，打开"方向"对话框，将"类型"设定为"按参照定向"，如图 14-7 所示。分别在模型中选定"参照 1"和"参照 2"两个相互垂直的参考面，单击"确定"按钮将该视角存储起来，即完成了视角的设置。需要时，可利用工具栏中的 🔧 按钮调用所设置的视角。

图 14-6　"方向"对话框　　　　图 14-7　设置视角方向"方向"对话框

14.2　二维几何图形（实体剖面）的绘制

在使用 Pro/ENGINEER 5.0 进行零件设计时，必须先创建三维基本实体，再对其进行切削、钻孔、倒角等操作。而创建三维基本实体，必须先画出实体的剖面，然后再经过拉伸、旋转、扫描和混合等方式建立起实体模型。剖面即二维几何图形，在这里把绘制实体的剖面称为草绘（Sketch）。由此可见，草绘在 Pro/ENGINEER 5.0 的零件设计过程中是一项非常重要的工作。

1. 草绘环境

进入草绘环境有两种方式。一是直接执行新建文件命令"文件"→"新建"，在"类型"选项中选择"草绘"，单击"确定"按钮即可进入草绘环境。在此模式下，只能进行草绘，并保存成".sec"文件，以供其后的实体模型设计调用。此外，在进行零件设计过程中，需要草绘平面时，每当选择了绘图面和参考面后，系统都会自动进入草绘环境。此时的草绘已经包含于创建三维模型的每一个特征中，但仍然可以单独保存成".sec"文件。

图 14-8 所示为草绘环境。在此用户界面中，工具栏中增加了几个草绘专用的图标按钮，主要用于控制在草绘过程中取消和复原前一次操作的切换、显示与隐藏各种符号的切换，具体功能解释如图 14-9 所示。

菜单栏中增加了"编辑"和"草绘"两个菜单项，具体内容及说明如图 14-10 所示。并且按照功能分类，将菜单中的草绘功能命令以图标按钮的形式排列于草绘环境界面窗口的右侧。

草绘时图标按钮提供了绝大部分的剖面绘制工具，其中包括绘图工具、图形修改与编辑、尺寸标注和几何约束等，具体内容如图 14-11 所示。

图 14-8　草绘环境

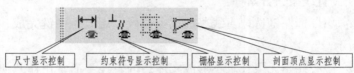

图 14-9　工具栏中草绘专用图标按钮

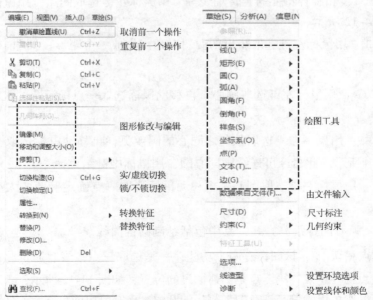

图 14-10　"编辑"和"草绘"菜单内容及说明

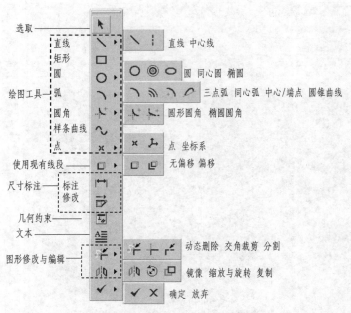

图 14-11　草绘图标按钮

　　草绘时可以通过在菜单中选取命令来完成，但为了快捷方便，通常都是使用草绘图标按钮操作。为此，这里将按草绘的功能分类，主要介绍如何使用草绘图标按钮进行草绘操作。

　　（1）直线　绘制直线按钮分两种：

　　● 直线段 ＼：用鼠标左键选取直线段的端点位置，用鼠标中键完成、结束绘制直线命令，如图 14-12 所示。

　　● 中心线 ┆：中心线是无限长且不形成实体边的直线，通常用作几何图形的镜像对称线、尺寸标注参考线和旋转特征的旋转轴线等。用鼠标左键选取两点，用鼠标中键结束绘制中心线，如图 14-12 所示。

　　（2）矩形 □　用鼠标左键选取矩形的两斜对角点生成一个矩形，如图 14-13 所示。

　　（3）圆 ○

　　● 圆心/点 ○：用鼠标左键选取圆心，再移动鼠标选取一点确定圆的大小，如图14-14a所示。

　　● 同心圆 ◎：用鼠标左键选取欲与之同心的圆或弧，再移动鼠标选取一点确定圆的大小，如图 14-14b 所示。此命令可连续画同心圆，用鼠标中键结束命令。

　　● 椭圆 ○：用鼠标左键选取圆心，再移动鼠标选取一点确定椭圆的大小画椭圆，如图 14-14c 所示。

　　（4）弧 ＼　弧有四种绘制方式，其中包括绘制圆锥曲线。

　　● 三点/端点相切 ＼：该图标有两个功能，一是选取三点，绘制通过此三点的圆弧，其中前两点是起始点与终止点，第三点是圆弧通过的位置，如图 14-15 所示；若起始点选取的是现有图形的端点，则可以绘制与现有图形相切的圆弧，该圆弧由两点确定，如图 14-16 所示。

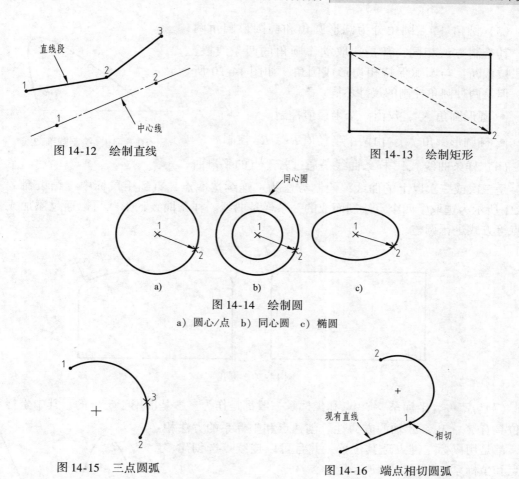

图 14-12　绘制直线

图 14-13　绘制矩形

图 14-14　绘制圆

a）圆心/点　b）同心圆　c）椭圆

图 14-15　三点圆弧

图 14-16　端点相切圆弧

- 同心弧 ：绘制同心圆弧。用鼠标选取欲与之同心的圆或圆弧，移动鼠标选取圆弧半径大小，再选取两点确定弧长，如图 14-17 所示。利用此按钮可连续画同心圆弧，用鼠标中键可结束命令。

- 中心/端点 ：先选取中心，再选取两个端点画圆弧，如图 14-18 所示。

- 圆锥曲线 ：圆锥曲线包括抛物线、双曲线和椭圆，它们由曲率半径值 rho 来区分，其中 $rho = 0.5$ 为抛物线（该值为系统默认值），$rho < 0.5$ 为椭圆，$rho > 0.5$ 为双曲线。

可通过选取三个点来绘制圆锥曲线。如图 14-19 所示，前两个点为曲线的两端点，第三个点用来调整曲线形状。

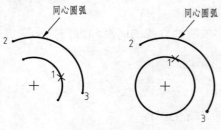

图 14-17　同心圆弧

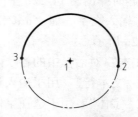

图 14-18　中心、端点画圆弧

（5）圆角 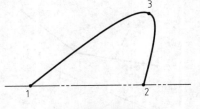 圆角分为圆形圆角和椭圆形圆角两种。其绘制方法相同，都是选取欲作圆角的两条线段，线段被截断，与圆弧保持相切形成圆角，如图 14-20 所示。但是两种圆角控制的尺寸不同。

图 14-19　绘制圆锥曲线

- 圆形圆角 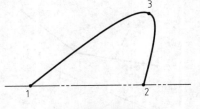：仅由一个半径值控制。
- 椭圆形圆角 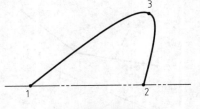：由两个半径值 Rx、Ry 控制。

（6）样条曲线 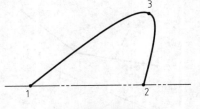 样条曲线是通过若干点的平滑曲线，是三次或三次以上的曲线。绘制方法为：连续选取点，直到用鼠标中键结束命令。图 14-21 所示为选取了四个点绘制而成的一条样条曲线。样条曲线的形状可以通过添加或删除顶点等方式进行调整。

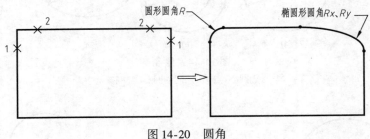

图 14-20　圆角

（7）点 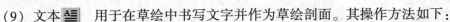、坐标系 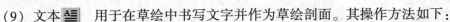 点和坐标系一般都是作为参考基准用于定位的，其中坐标系的定位具有 X、Y 和 Z 轴的方向性。创建点和坐标系的方法相同，都是用鼠标左键点选其位置，并且可以连续点选创建多个点和坐标系，用鼠标中键结束命令。

（8）使用现有线段　使用现有线段即选取现有特征上的线条作为当前的草绘图形。

- 无偏移 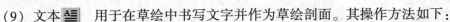：直接选取现有特征上的线段。
- 偏移 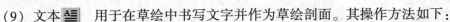：选取现有特征上的线段后再进行偏移，选取偏移后的线段。

图 14-21　样条曲线

（9）文本  用于在草绘中书写文字并作为草绘剖面。其操作方法如下：

1）单击  启动命令。

2）选取两个点绘制一条直线（图 14-22a），直线的长度和方向决定文字的高度和书写方向（此时弹出图 14-22b 中所示的"文本"对话框）。

3）输入文字，如"Pro/ENGINEER"，文字按所画直线的高度和方向显示在屏幕上，如图 14-22a 所示。

"文本"对话框中的各项内容如下：

- "文本行"：用于输入和修改文字。
- "字体"：用于选择字体，默认的字体是"font 3d"。
- "位置"：用于调整文字的长宽比例。

- "斜角"：用于调整文字的斜度。
- "沿曲线放置"：勾选后文字便沿着曲线摆放，如图 14-22a 所示。

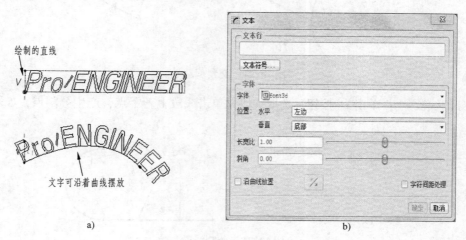

a)　　　　　　　　　　　　　　　　b)

图 14-22　书写文本

a）文字摆放　b）"文本"对话框

2. 图形的修改与编辑

通常，草绘剖面时利用绘图工具绘制出的几何图形，必须经过修改、编辑后，才能成为所需的剖面。为此，Pro/ENGINEER 5.0 提供了图形的修改与编辑功能。

（1）选取目标 ▲　在进行图形的编辑时，一般先要选取被编辑的目标，即单击 ▲ 按钮选取目标。选取时，可单选、按住 <Shift> 键复选，还可用矩形框围选。

（2）切换构造　结构图形是用双点画线表示的几何图形，它不能形成实体边，但在草绘中可用于图形定位、几何参考等，起重要的辅助作用。结构图形不能直接绘出，但可利用切换结构命令将几何图形切换成结构图形。如图 14-23 所示，选取圆和矩形，再执行"编辑"→"切换构造"命令，即可将几何图形切换成结构图形。

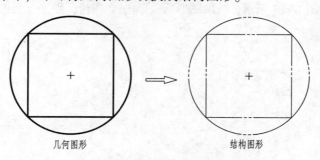

几何图形　　　　　　　　　　　　结构图形

图 14-23　切换结构图形

（3）修剪　线段修剪有以下三种方式：

- 动态删除 ✗：选取待删除线段单击 ✗ 按钮，线段即被删除。
- 交角裁剪 ⊢：单击 ⊢ 按钮，选取欲保留的两线段，线段被修剪或延长而形成拐角，如图 14-24 所示。

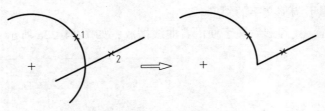

图 14-24　交角剪裁

● 分割线段 ：单击 按钮，选取线段并单击线段上若干点，产生分割点，如图 14-25 所示。

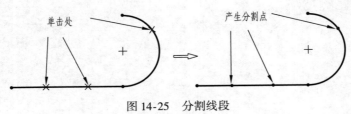

图 14-25　分割线段

（4）镜像 　利用镜像命令可以复制生成对称图形。如图 14-26 所示，选取图形后，单击 按钮，选取中心线，即可生成以中心线为对称中心线的对称图形。

（5）缩放与旋转 　利用缩放与旋转命令可对图形进行放大、缩小和旋转变换。如图 14-27 所示，选取图形后，单击 按钮，弹出"旋转/缩放"对话框，并在所选图形处显示三种操作符号：平移、缩放和旋转。可拖动这些符号或在对话框中输入数值进行图形变换操作。

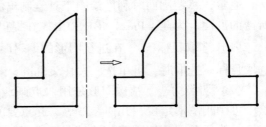

图 14-26　镜像

（6）复制 　利用复制命令可复制图形且进行缩放与旋转。如图 14-28 所示，选取图形后，单击 按钮，则进行上述的缩放与旋转操作。

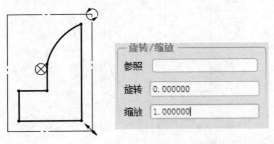

图 14-27　缩放与旋转

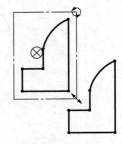

图 14-28　复制

3. 标注尺寸

尺寸是几何图形大小的约束条件，在草绘过程中随着图形的建立，系统会自动标注出尺寸。若自动标注的尺寸不理想，用户可以使用图标按钮 重新标注。系统自动标注的尺寸称为弱尺寸，显示为"灰色"，不能删除，但可以转换成强尺寸。方法是：选取弱尺寸，执

行 "编辑"→"转换到"→"强命令"。

利用 按钮标注的和利用 按钮修改的尺寸称为强尺寸。强尺寸显示为高亮颜色,可以被删除和转换成弱尺寸。利用 按钮增注一个强尺寸,系统就会自动删除一个现有的弱尺寸,以保持尺寸的完整性。下面介绍尺寸的标注及修改方法。

无论标注什么类型的尺寸,其鼠标操作方法都是类似的,即单击 按钮后,用左键选取图形,用中键指定尺寸的摆放位置。在下面的图例中,用数字表示单击鼠标的顺序。

(1) 线性尺寸 线性尺寸包括线段的长度、点到线的距离、平行线间的距离及两点间的距离,其标注方法如图 14-29 所示。其中,标注两点间的距离时,如果尺寸线的位置选在以两点间距离为斜边构成的直角三角形之内,则标注的尺寸如图 14-29d 所示。否则,若选在水平直角边的外侧,则标注两点间的水平方向尺寸;若选在垂直直角边外侧,则标注两点间的垂直方向尺寸,如图 14-30 所示。

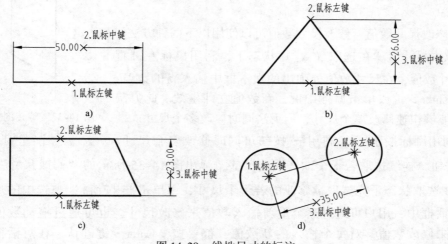

图 14-29 线性尺寸的标注

a) 线段长度 b) 点线距离 c) 平行线间距离 d) 两点间距离

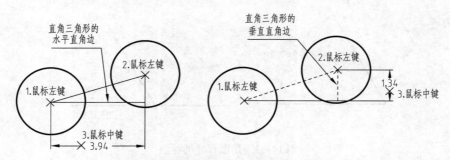

图 14-30 两点间的水平、垂直距离的标注

(2) 径向尺寸 径向尺寸包括圆和圆弧的半径与直径尺寸。如图 14-31 所示,若单击鼠标左键选取圆或圆弧,则标注半径尺寸;若双击鼠标左键选取圆或圆弧,则标注直径尺寸。

(3) 旋转剖面直径尺寸 建立旋转特征时,可在其剖面标注旋转后的直径尺寸。标注方法为:用鼠标左键先选取旋转剖面的边线,再选取中心线(以其为旋转轴),然后再选取旋转剖面边线一次,最后再用鼠标中键指定尺寸的摆放位置,如图 14-32 所示。

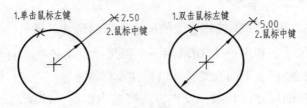

图 14-31　径向尺寸的标注

（4）角度尺寸　角度尺寸包括两直线的夹角和圆弧的角度等，标注方法如图 14-33 所示。

（5）圆、圆弧与其他图形间的尺寸　当标注圆、圆弧与其他图形间的尺寸时，尺寸生成的方式如前面所述的两点间距离尺寸标注那样，与鼠标中键指定的尺寸摆放位置有关，如图 14-34 所示。

（6）修改尺寸数值　修改尺寸数值可以使用以下两种方法。

1）双击尺寸值。在选取（　）状态下，利用鼠标左键直接双击尺寸数值，在尺寸数值处弹出的文本框中输入新的数值，然后按 < Enter > 键或单击鼠标中键，新数值立即生效。此方法的特点是能够快速修改单个尺寸，但无法同时修改多个尺寸。

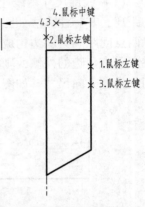

图 14-32　旋转剖面直径
尺寸的标注

2）利用图标按钮　。利用　按钮可同时修改多个尺寸。单击　按钮，连续选取若干个欲修改的尺寸，弹出图 14-35 所示的"修改尺寸"对话框（也可以在选取状态下先选取欲修改的若干个尺寸，再单击　按钮），被选中的尺寸数值显示在对话框中，用户可通过逐个重新输入数值来修改尺寸，也可通过拖动数值右方的水平滚轮来修改数值。对每个输入的新数值，都要按 < Enter > 键确认。在对话框的下方有两个选项：

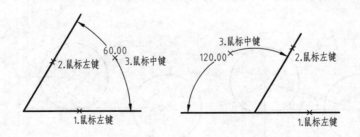

图 14-33　角度尺寸的标注

● "再生"选项：默认为勾选，即每修改一个尺寸数值后立即生效，同时驱动图形变化；若不勾选该项，则将所有选取的尺寸修改完数值，再单击　按钮确认后，才一起生效，驱动整个图形发生变化。

● "锁定比例"选项：默认为不勾选，即修改一个尺寸数值只是该尺寸变化而不影响其他尺寸；若勾选，修改了一个尺寸数值后，所有被选取的尺寸都同时等比缩放。

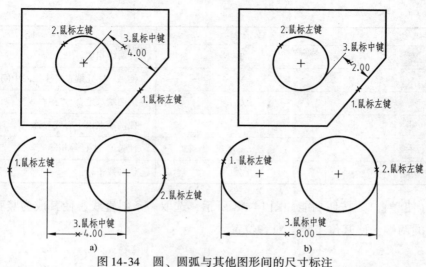

图 14-34　圆、圆弧与其他图形间的尺寸标注

a）Center 方式　b）Tangent 方式

4. 几何约束

在草绘过程中，随着图形的建立，系统还会自动设定几何约束，并在图形中显示约束符号，如图 14-36 所示。因此，一个剖面图形是由尺寸约束和几何约束相匹配来控制的。

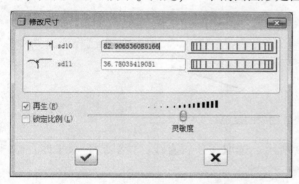

图 14-35　"修改尺寸"对话框

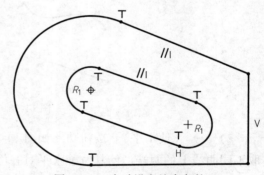

图 14-36　自动设定约束条件

（1）几何约束及其符号　几何约束条件与标注尺寸一样，也可以人为地添加。单击 按钮，弹出图 14-37 所示的几何约束按钮菜单，该菜单包括各种类型的几何约束按钮图标。几何约束及其符号详见表 14-1。

（2）几何约束的设定　单击图 14-37 所示的几何约束菜单中的按钮，设定相应的几何约束。

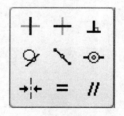

图 14-37　几何约束按钮菜单

表 14-1　几何约束及其符号、功能

几 何 约 束	显 示 符 号	功　　能
┼	V	使直线竖直、两点竖直对齐
─	H	使直线水平、两点水平对齐
⊥	⊥	使两线相互垂直

（续）

几何约束	显示符号	功　　能
⊘	T	使两线相切
↘	M	使另一图元端点位于线段中间
⬦	O	使两端点重合、点落在线上、两直线共线
⊣⊢	→ ←	使两端点以中心线对称
=	*L　R*	使长度、半径等相等
//	//	使两线平行

1）┼（使竖直）。按钮功能如图 14-38 所示，选取一条斜直线，使其成为竖直线；选取不同曲线上的两端，使其位于竖直对齐位置。

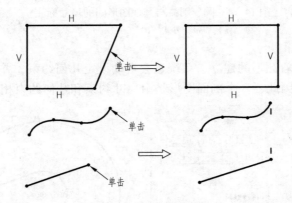

图 14-38　竖直约束的设定

2）↔（使水平）。按钮功能如图 14-39 所示，选取一条斜直线，使其成为水平线；选取不同曲线上的两端，使其位于水平对齐位置。

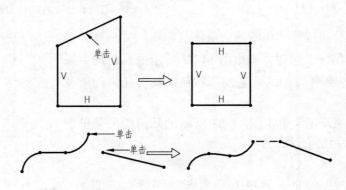

图 14-39　水平约束的设定

3）⊥（使垂直）。按钮功能如图 14-40 所示，选取两线段，使其相互垂直。

4）⊘（使相切）。按钮功能如图 14-41 所示，选取两线段，使其相切。

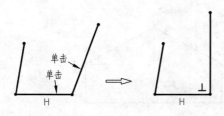

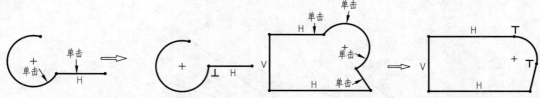

图 14-40　相互垂直约束的设定　　　　　　　　图 14-41　相切约束的设定

5）　（使对中）。按钮功能如图 14-42 所示，选取一曲（直）线段端点和一直线，使该端点位于直线的中点。

6）　（使对齐）。按钮功能如图 14-43 所示，选取不同线段上的两个端点，使其重合；选取一点与一直线，使点落在直线上；选取两直线，使其重合。

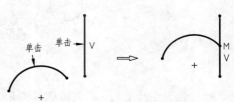

图 14-42　对中约束的设定

7）　（使对称）。按钮功能如图 14-44 所示，先选取中心线，再选取两端点，使两个点以中心线对称。

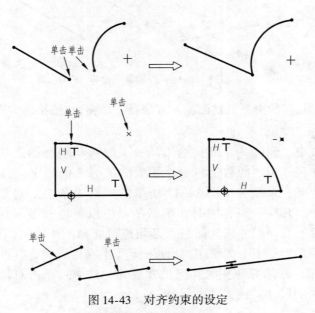

图 14-43　对齐约束的设定

8）　（使等长、等径）。按钮功能如图 14-45 所示，选取两直线，使其等长；选取两圆，使其等径。

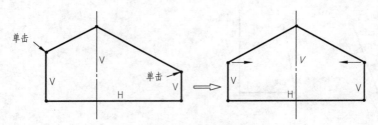

图 14-44 对称约束的设定

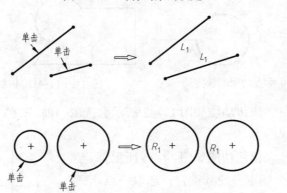

图 14-45 相等约束的设定

9） **//**（使平行）。按钮功能如图 14-46 所示，选取两直线，使其平行。

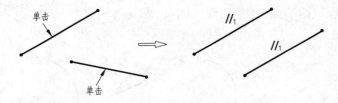

图 14-46 平行约束的设定

（3）约束冲突 几何约束可以被删除，方法是：单击 ▲ 按钮选取图形中的几何约束符号，按 < Delete > 键。

在一个剖面图形中，删除一个几何约束后，系统自动增加一个几何尺寸；几何约束使用得越多，则几何尺寸标注的数量越少。如果添加的几何约束或几何尺寸与现有的几何约束或几何尺寸冲突，系统弹出图 14-47 所示的"解决草绘"对话框。对话框中列出了相冲突的几何尺寸和几何约束，同时在剖面图形中以黄色框显示有冲突的几何尺寸或几何约束。对有冲突的几何尺寸或几何约束必须进行处理，才能使剖面图形正确、合理。单击对话框中的"撤消"按钮，取消添加的几何尺寸或几何约束，恢复原状；单击对话框中的"删除"按钮，删除有冲突的几何尺寸或几何约束；单击对话框中的"尺寸 > 参照"按钮，将有冲突的尺寸转换为参考尺寸。

5. 草绘范例

【例 14-1】 草绘图 14-48 所示的正六边形。Pro/ENGINEER 5.0 没有草绘正多边形的命令，因此按一般几何图形绘制。

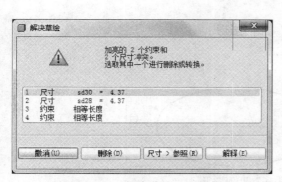

图 14-47 "解决草绘"对话框

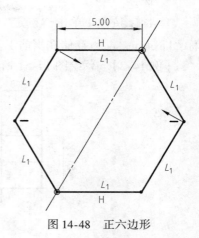

图 14-48 正六边形

1. 新建文件

单击 □ 按钮→在"类型"选项中选择"草绘"→输入文件名"hexagon"→单击"确定"按钮。

2. 绘制图形

单击 ＼ 按钮→随意绘制图 14-49 所示的六条直线段，长短任意，但有两条为水平线。

3. 设定几何约束

单击 按钮→弹出几何约束按钮菜单。

单击 ＝ 按钮→从上方水平线开始，依次单击六条直线段使之等长，如图 14-50a 所示。

单击 ↔ 按钮→单击 1 点和 2 点，使其水平对齐，如图 14-50b 所示。

单击 按钮→通过 3 点和 4 点画斜中心线，系统自动设定 2 点与 5 点的对称约束，如图 14-50c 所示。此时图形仅有一个尺寸。

图 14-49 绘制图形

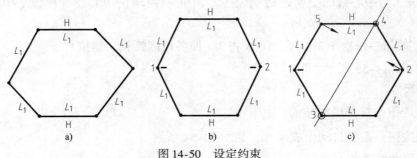

图 14-50 设定约束

a）相等约束 b）水平约束 c）对称约束

4. 修改尺寸数值

双击正六边形边长的尺寸数值→在文本框中输入 5，按 < Enter > 键，即得到图 14-48 所示的图形。

5. 保存

单击 🖫 按钮→单击 "确定" 按钮，以默认文件名 "hexagon" 保存文件，该文件就以名称 "hexagon. sec" 存储在当前工作目录中。

【例 14-2】 草绘图 14-51 所示的 "手柄" 几何图形。

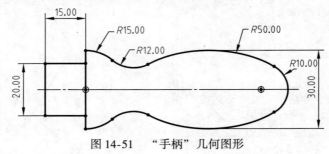

图 14-51　"手柄" 几何图形

1. 新建文件

单击 ▯ 按钮→ 在 "类型" 选项中选择 "草绘"→输入文件名 "handle"→单击 "确定" 按钮。

2. 绘制图形

单击 🖳 按钮→关闭尺寸显示。

单击 ⦙ 按钮→画水平中心线。

单击 ＼ 按钮→画 1、2、3 直线。

单击 ⌐ 按钮→由直线 3 的端点开始，依次选取圆弧线 4、5、6、7 的端点画四段圆弧。其结果如图 14-52 所示。

3. 设定几何约束

单击 🖳 按钮→弹出几何约束按钮菜单。

单击 ⊙ 按钮→单击弧 4 中心，再单击中心线，单击弧 4 中心，再单击直线 3（使弧 4 中心位于直线 3 与中心线的交点处）；单击弧 7 中心，再单击中心线（使弧 7 中心位于中心线上）。

单击 ⚲ 按钮→依次单击弧 4、5、6 和 7（使各段圆弧相切连接）。

其结果如图 14-53 所示。

4. 标注尺寸

单击 🖳 按钮→打开尺寸显示。

单击 ⱶ 按钮→系统自动生成尺寸，如图 14-54 所示。

5. 修改尺寸数值

单击 ▲ 按钮→用矩形选取全部尺寸。

单击 ⇉ 按钮→取消 "再生" 项的勾选；依次修改尺寸数值，如图 14-55 所示；单击 ▲ 按钮，确认修改尺寸操作。

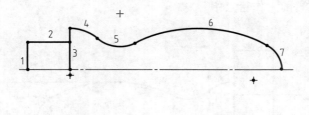

图 14-52　绘制图形

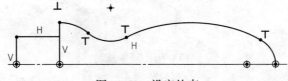

图 14-53　设定约束

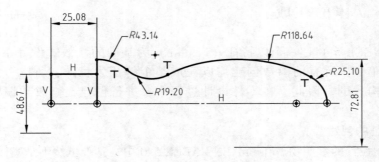

图 14-54　标注尺寸

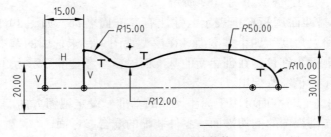

图 14-55　修改尺寸数值

6. 编辑图形

单击 按钮→选取全部图形。

单击 按钮→单击中心线，镜像复制结果如图 14-56 所示。

7. 保存

单击 按钮→ 单击确定按钮以默认文件名 "handle" 保存文件，则该文件就以名称

"handle. sec" 存储在当前工作目录中。

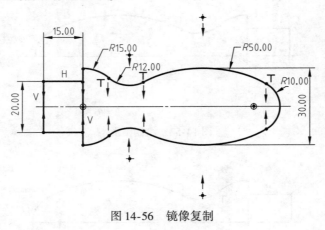

图 14-56　镜像复制

14.3　基本立体的生成

Pro/ENGINEER 5.0 是一个以特征（Feature）为基础的参数式设计系统。它以特征为最小的造型单位，所有的参数创建均以完成某个特征为目的，所以一个完整的零件是由若干特征构成的。因此，在零件设计过程中，进行创建、修改和编辑特征即可达到设计的目的。

1. 基准特征的创建

基准是模型设计的参照物。在 Pro/ENGINEER 5.0 中，基准虽然不是实体的特征，但也属于特征的一种。基准特征主要用作创建实体特征的参考，如作为创建基本实体特征剖面草绘的参考面，作为创建实体特征（如圆柱孔）的参考轴等。

基准特征主要有基准面、轴线、曲线、点和坐标系。创建基准特征时，可以用主菜单中"插入"→"模型基准"命令，也可以使用设计工作区右方的基准特征工具栏中的图标按钮。基准特征的菜单命令和工具栏如图 14-57 所示。

（1）基准面　基准面用矩形框表示，并注有基准面名称，如图 14-58 所示的"穿过""相切"、"偏移"和"角度"四个基准面。在模型视图中，未选中的基准面显示为暗黄色，选中之后的基准面显示为红色；在创建新的基准面时，参考基准显示为红色，待创建基准面显示黄色，且法向用黄色箭头标出。

1）基准面的用途。基准面可用于标注尺寸的基准、设定视图方向的参考平面、剖面草绘的绘图平面、制作剖视图的剖切平面、零件装配的配合参考面。

2）基准面的创建方式。基准面即空间平面，创建基准面的方式就是满足建立空间平面的几何条件。图 14-59 所示的创建基准面方式的选项卡给出了创建基准面的各种几何条件。

①"放置"选项卡选择当前存在的平面、曲面、边、点、坐标、顶点等作为参照，在"平移"文本框内可以输入平移距离，在参照栏内根据选择的参照不同，显示如下五种类型约束：

- 穿过：通过轴、平面的边、点或圆柱面来创建基准面。
- 法向：与轴、平面的边或平面垂直来创建基准面。
- 平行：与平面平行来创建基准面。

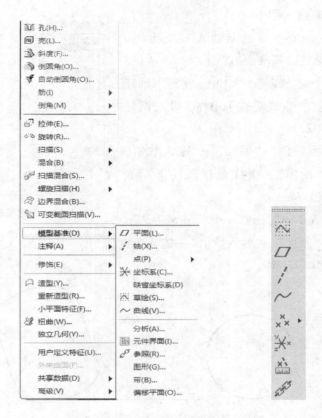

图 14-57　基准特征菜单命令和工具栏

● 偏移：与平面或坐标系偏移来创建基准面。

● 相切：与圆弧或圆锥面相切来创建基准面。

② "显示" 选项卡可调整所有基准平面的大小，以在视觉上与零件、特征、曲面等相吻合。

在上述创建基准面方式的约束中，除了使用 "穿过" 选择通过平面、轴线和圆柱面，使用 "平移" 选择偏移平面，可以只指定一个选项的几何条件外，其他均需指定两项或两项以上的几何条件才能确定基准面位置。若指定的几何条件足够确定平面，则选项卡的选项完全处于不可选用的状态。

3) 创建基准面范例。创建图 14-58 所示的四个基准面。

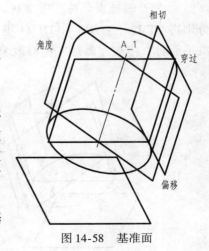

图 14-58　基准面

① 创建新文件。□ →输入文件名 "dtm-1" →取消勾选 "使用缺省模板" → "确定" →在 "新文件选项" 对话框中选取 "空" → "确定"。

② 创建一个圆柱。"应用程序" → "继承" → "菜单管理器" → "特征" → "创建" → "实体" → "伸出项" → "拉伸" → "实体" → "完成"（自动进入草绘模式）→绘制图 14-60 所示的剖面及其上一点→ ✓（退出草绘模式）→输入圆柱长度 10→ "确定"，创建图 14-61 所示的圆柱。

③ 创建四个基准面（图 14-62）。

▱→"穿过"→< Ctrl > + 选取轴 A-1 及点 P→"确定"，生成通过轴线的基准面 DTM1。

▱→选取 DTM1→"法向"→< Ctrl > + 选取圆柱面→"切向"→"确定"，生成垂直于 DTM1 并与圆柱面相切的基准面 DTM2。

▱→选取圆柱下端面→"偏移"→"输入数值"→输入距离值 3→"确定"，生成偏移圆柱下端面 3mm 的基准面 DTM3。

▱选取→轴线 A-1→"穿过"→< Ctrl > + 选取

图 14-59　创建基准面方式的选项卡

DTM2（角度基准）→"角度"→"输入数值"→输入角度值 30 →"确定"，生成与 DTM2 成 30°角且通过轴线的基准面 DTM4。

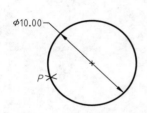

图 14-60　圆柱剖面

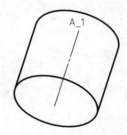

图 14-61　圆柱

④ 修改基准面名称。模型树→DTM1→重命名：MID，DTM1 更名为 MID。用同样方法分别将 DTM2 、DTM3 和 DTM4 更名为 TANGENT、OFFSET 和 ANGLE，或者也可在创建基准平面时直接在 "属性" 栏修改名称，结果如图 14-63 所示。

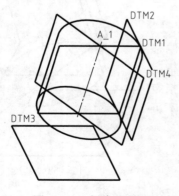

图 14-62　创建基准面

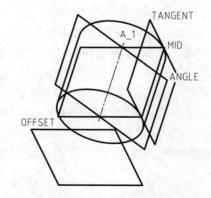

图 14-63　修改基准面名称

（2）轴线　轴线用黄色中心线表示，并用 A-1，A-2... 编号，如图 14-64 所示。

1）轴线的用途。轴线可用作旋转特征的中心线、同轴特征的参考轴。

2）轴线的创建方式。轴线即空间直线，创建轴线的方式就是满足建立空间直线的几何条件。

3）创建轴线范例。

① 创建新文件。□→输入文件名"axis-1"→取消勾选
"使用缺省模板"→"确定"→"新文件选项" 对话框中选取
"空"→"确定"。

② 创建立体。"应用程序"→"继承"→"菜单管理器"→
"创建"→"实体"→"伸出项"→"拉伸"→"实体" →"完成"
（自动进入草绘模式）→绘制图 14-65 所示的剖面→✓（退出
草绘模式）→输入立体厚度值 5→ "确定"，创建如图 14-66 所示的立体。

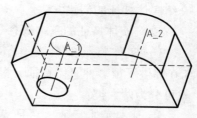

图 14-64　轴线

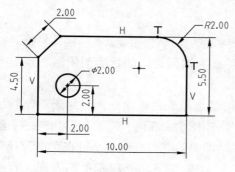

图 14-65　剖面

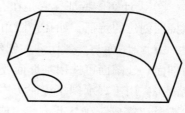

图 14-66　立体

③ 创建轴线 （图 14-67）

／以通过曲线方式创建轴线：→选圆柱面，创建轴线 A-2。

／以通过直线方式创建轴线：→选取立体棱线 1→创建轴线 A-3。

／以法向平面方式创建轴线：→选取立体正面→选取边线 2→输入距离值 "1"→
＜Ctrl＞ +选取边线3 →输入距离值 2，创建轴线 A-4。

／通过两点创建轴线：→选取第一点→ ＜Ctrl＞ +选取第二点，创建轴线 A-5。

（3）基准特征显示的控制。在三维模型设计时，由于基准特征是起参考作用的，因此
当不需要时，尽量将其关闭，以便使屏幕中的实体模型显示得更为清晰。当需要显示时，
再将其打开。基准特征的显示控制可以使用菜单命令："视图"→"显示设置"→"基准显
示或工具"→"环境"。但为了操作方便，通常使用工具栏中的基准特征显示控制按钮，说
明如下：

：基准面显示/关闭控制按钮。

：基准轴显示/关闭控制按钮。

：基准点显示/关闭控制按钮。

：基准坐标系显示/关闭控制按钮。

2. 实体特征的创建

三维实体特征的参数化设计是 Pro/ENGINEER 5.0 的核心，下面按照特征的不同类别，

介绍实体特征的创建方法。

（1）实体特征的基本概念

1）实体特征的分类。Pro/ENGINEER 5.0 提供了很多种实体特征，根据其生成方式可分为两大类：

① 基本实体特征。它是模型设计时最初创建的实体特征。就像零件加工时的毛坯，基本实体特征是利用长出材料方法创建所需要的初始实体特征。由于切减材料和挖槽与长出材料特征构建的方式完全一样，只不过是材料增与减的不同，因此，这两种方法构建的特征都同属于基本实体特征。

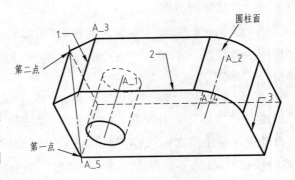

图 14-67　创建轴线

② 设计实体特征。它是在有了基本实体特征之后，为达到设计的目的而依附于现有实体特征创建的特征，如孔、圆角、倒角等。

2）绘图面与参考面。在创建基本实体特征时，需要选择或创建绘图面，用于草绘特征的剖面。绘图面可选用基准面或实体特征上的平面。当选择绘图面时，屏幕上会出现一个红色箭头，用于表示创建特征实体的生长方向，或观察绘图面的方向。此时，可在菜单管理器中选择"完成"确认此方向；或选择"翻转"→"完成"，采用与此方向相反的方向。若绘图面平行于屏幕，则红色箭头转换成圆圈表示，其中"◎"表示指向屏幕外部，"⊕"表示指向屏幕内部。

当确定了绘图面后，还需再指定一个与绘图面垂直的平面作为参考面，其作用是以其法矢为上、下、右、左来控制绘图面旋转至与屏幕重合，从而进入草绘模式。如图 14-68 所示的实体模型，选择其前表面为绘图面，且红色箭头方向朝前。若在图 14-69 所示的菜单中分别选取顶部、底部、左或右选项来指定模型的底面为参考面，则可得到图 14-70 所示的四种情况的绘图面。

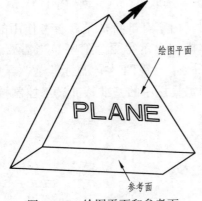

图 14-68　绘图平面和参考面

图 14-69　参考面法矢方向选项菜单

在图 14-69 所示的菜单中，还有一个"缺省"选项，选择此项，不用指定参考面，而是由系统自动使绘图面按默认的方式旋转至与屏幕平行。

（2）创建基本实体特征　Pro/ENGINEER 5.0 中的实体特征有圆孔、轴、圆角、斜角、沟槽、凸起、轴颈、凸缘、筋板、薄壳和管件等。创建实体特征的命令位于"菜单管理器"→"继承零件"→"特征"→"创建"→"实体"分菜单中，如图 14-71 所示。此外，也可在"插入"菜单中选取相应命令来进行实体造型，如图 14-57 所示。后续功能均可通过这两种方法进行，不再重复叙述。

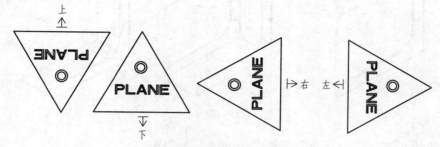

图 14-70 四种情况的绘图面

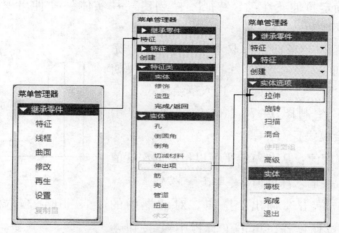

图 14-71 菜单管理器中的实体特征命令菜单

1）拉伸。拉伸是在完成剖面草绘后，沿着垂直于剖面的方向单侧或双侧成长生成实体特征，如图 14-72 所示。

① 拉伸特征的操作步骤。

• 选择命令确定拉伸属性："特征"→"创建"→"实体"→"伸出项"→"拉伸"→"实体"→"完成"→"单侧"（或"双侧"）→"完成"。

• 指定绘图面和参考面，确定拉伸方向。

注意：若创建新文件时，在"新建"对话框中取消勾选"使用缺省模板"，并在"新文件选项"对话框中选择"空"，则不需指定绘图面和参考面，系统将以平行于屏幕的平面作为默认绘图面，以朝向屏幕外为默认拉伸方向而自动进入草绘模式。另外三种实体特征构建方式的绘图面也是如此，后面不再重复说明。

• 绘制剖面。

• 给定拉伸深度。

注意：拉伸特征深度有不同的指定方式可在菜单中选择其中一种，如盲孔（需输入深度值）、贯穿下一个、贯穿所有、贯穿至、至曲面等。

② 拉伸特征范例。完成图 14-72 所示的实体模型。

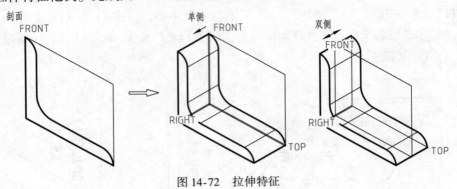

图 14-72　拉伸特征

- 创建新文件。□→输入文件名 "extrude-1"→"Ok"。
- 选择命令确定拉伸属性："特征"→"创建"→"实体"→"伸出项"→"拉伸"→"实体"→"完成"→"单侧"→"完成"。
- 指定绘图面和参考面：选取基准面平面→"完成"（确认默认拉伸方向）→"顶"（选择参考面法矢朝上）→选取基准面 "顶"（参考面）→进入草绘模式。
- 绘制剖面：绘制图 14-73 所示的剖面→单击 ✔ 按钮（退出草绘模式）。
- 输入拉伸深度值：从 "草绘平面以指定的深度值拉伸" → "完成"→输入深度值 2→单击 ✔ 按钮。

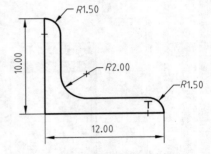

图 14-73　拉伸特征的剖面

- 完成操作：单击 "伸出：拉伸" 对话框中的 "完成" 按钮确认拉伸操作。单击工具栏中 ⬚ 按钮→ "缺省"，调整视图显示，得到图 14-72 所示的单侧拉伸的实体模型。

2）旋转。旋转是在完成剖面草绘后，将剖面绕着一中心线单侧或双侧旋转而生成实体特征，如图 14-74 所示。

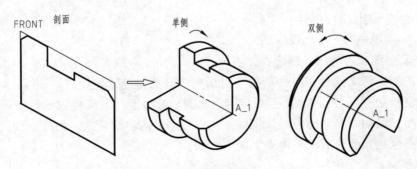

图 14-74　旋转特征

① 旋转特征的操作步骤。

- 选择命令，确定旋转属性："特征"→"创建"→"实体"→"伸出项"→"旋转"→"实体"→"完成"→"单侧"（或双侧）→"完成"。

- 指定绘图平面和参考面，确定旋转方向。
- 绘制剖面。
- 指定旋转角度。

注意：旋转角度有不同的指定方式，用户可在菜单中选择其中之一。其中，"可变值"为输入 0~360 之间的任意值；90、180、270 和 360 为可选用的 90 的倍数值；"至点"为旋转至点或顶点；"至平面"为旋转至特定平面。

② 旋转特征范例。完成图 14-74 所示的实体模型。

- 创建新文件：□→输入文件名 "revolve-1"→"完成"。
- 选择命令确定旋转属性：

"特征"→"创建"→"实体"→"伸出项"→"旋转"→"实体"→"完成"→"单侧"→"完成"。

- 指定绘图面和参考面：选取基准面 FRONT（绘图面）→"确定"（确认默认旋转方向）→"顶"（选择参考面法矢朝上）→选取基准面"顶"（参考面）→进入草绘模式。
- 绘制剖面：绘制如图 14-75 所示的剖面（其中所画的水平中心线为旋转轴）→单击 ✔ 按钮（退出草绘模式）。
- 指定旋转角度：选择 270→"完成"。
- 完成操作：单击"伸出项：旋转"对话框中的"确定"按钮，确认旋转操作。单击工具栏中的 按钮→"缺省"调整视图显示，得到图 14-74 所示的单侧旋转的实体模型。

3）扫描。扫描是在完成剖面草绘后，将剖面沿一条轨迹扫描生成实体特征，如图 14-76 所示。

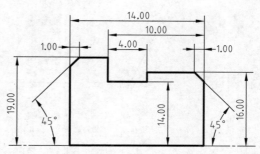

图 14-75 旋转特征的剖面

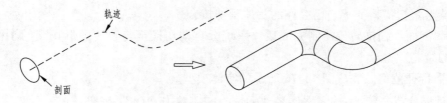

图 14-76 扫描特征

① 扫描特征的操作步骤。

- 选择命令，确定创建扫描轨迹的方式"特征"→"创建"→"实体"→"伸出项"→"扫描"→"实体"→"完成"→"草绘轨迹"（或选取轨迹）。

注意：建立扫描轨迹有以下两种方式。

草绘轨迹：选择绘图面，在上面绘制轨迹（二维曲线）。

选取轨迹：选择现有的曲线作为轨迹，该曲线可为空间三维曲线。

● 指定绘图面和参考面（或选取曲线作轨迹）。

● 绘制扫描轨迹，选择扫描属性。

注意：扫描轨迹可以是封闭的，也可以是开口的。

封闭的扫描轨迹有两种扫描属性：

增加内部因素：将一开口剖面沿扫描轨迹所围成的内部自动补成实体，如图 14-77a 所示。

无内部因素：不做任何实体补偿，仅用于封闭剖面，如图 14-77b 所示。

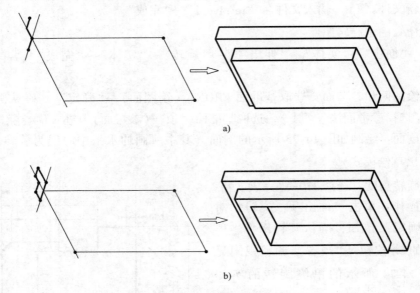

a)

b)

图 14-77　封闭的扫描轨迹的两种扫描特征

a)"增加内部因素"扫描特征　b)"无内部因素"扫描特征

开口的扫描轨迹也有两种扫描属性：

合并端点：扫描特征自动延伸接合已存在的实体。

自由端点：扫描特征不与已存在的实体延伸接合。

● 绘制剖面：扫描轨迹绘制完成后，系统会自动切换至与轨迹图形正交的平面上，以进行剖面的绘制。

② 扫描特征范例。完成图 14-76 所示的实体模型。

● 创建新文件： □ →输入文件名"Sweep-1"→单击"Ok"按钮。

● 选择扫描轨迹创建方式："特征"→"创建"→"实体"→"伸出项"→"扫描"→"实体"→"完成"→"草绘轨迹"。

● 指定绘图面与参考面：选取基准面"TOP"（绘图面）→单击"确定"按钮（确认默认旋转方向）→"BOTTOM"（选择参考面法矢朝下）→选取基准面"FRONT"（参考面）→进入草绘模式。

● 绘制扫描轨迹和剖面：绘制图 14-78a 所示的图形作为扫描轨迹→单击 ✔ 按钮→"无

内部面"→"完成"→绘制图 14-78b 所示的剖面→单击 ✔ 按钮。

● 完成操作：单击"扫描"创建对话框中的"确定"按钮，单击确认扫描操作。单击工具栏中的 🖳 按钮→"缺省"，调整视图显示，得到图 14-76 所示的扫描实体模型。

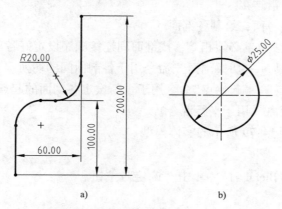

a)　　　　　　　　　　b)

图 14-78　扫描特征的轨迹和剖面

a）扫描轨迹　b）扫描剖面

4）混合。混合是连接两个或两个以上的剖面从而生成实体，如图 14-79 所示。混合特征的操作步骤如下：

① 选择命令。

"特征"→"创建"→"实体"→"伸出项"→"混合"→"实体"→"完成"。

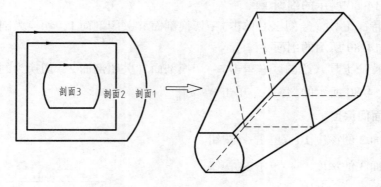

图 14-79　混合特征

② 混合方式有三种。

● 平行混合：剖面互相平行。

● 旋转混合：剖面间以 Y 轴（建立的草绘坐标系的坐标轴）为基准轴形成的不大于 120°的夹角。

● 一般混合：剖面可处于任意方位。

由于篇幅所限，这里主要介绍平行混合。

③ 选择剖面类型。剖面类型有"规则截面"和"投影截面"两种。

● 规则截面：选择在绘图面上绘制的或已存在的图形为剖面。

- 投影截面：在绘图面上绘制的或已存在的图形投影为剖面。

④ 设定混合特征属性。混合特征属性有"直的"或"光滑"两种。

- 直的：剖面间以直线连接。

- 光滑：剖面间平滑连接。

⑤ 指定绘图面和参考面，绘制各剖面。

注意：各剖面的线段数量必须相等；按剖面间连接顺序设定好各剖面的起点和方向。

"草绘"→"特征工具"→"切换剖面"命令用于各剖面间的切换。

"草绘"→"特征工具"→"起始点"命令用于重新设定各剖面的起点。

⑥ 给定剖面间的距离（用于平行混合）。

【例 14-3】 完成图 14-79 所示的实体模型。

1. 创建新文件

▢→输入文件名"Blend -1"→单击"确定"按钮。

2. 选择命令

"特征"→"创建"→"实体"→"伸出项"→"混合"→"实体"→"完成"→"平行"→"规则截面"→"草绘截面"→"完成"→"直的"→"完成"。

3. 指定绘图面与参考面

选取基准面"FRONT"（绘图面）→"完成"（确认默认旋转方向）→"TOP"（选择参考面法矢朝上）→选取"TOP"基准面（参考面）→进入草绘模式。

4. 绘制各剖面

① 绘制图 14-80 所示的剖面 1。

② 草绘→特征工具（绘图区右单击）→切换剖面（关闭剖面 1，切换为剖面 2）。

③ 绘制图 14-80 所示的剖面 2。

④ 草绘→特征工具（绘图区右单击）→切换剖面（关闭剖面 2，切换为剖面 3）。

⑤ 绘制图 14-80 所示的剖面 3→单击 ✔ 按钮。

5. 输入剖面间深度

① 输入剖面 2 的深度 10→单击 ✔ 按钮。

② 输入剖面 3 的深度 15→单击 ✔ 按钮。

6. 完成操作

单击混合特征创建对话框中的"确定"按钮，确认混合操作。单击工具栏中的 ▦ 按钮→"缺省方向"，调整视图显示，得到图 14-79 所示的混合实体模型。

【例 14-4】 利用混合实体构建方式，创建圆锥实体模型。本例介绍用点作为剖面混合生成实体特征。

1. 创建新文件

▢→输入文件名"Blend-2"，取消勾选"使用缺省模板"→"确定"→选取"空"→确定。

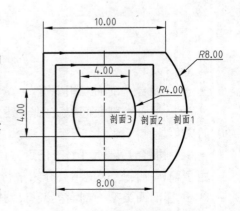

图 14-80　混合特征的剖面

2. 选择命令

"特征"→"创建"→"实体"→"伸出项"→"混合"→"实体"→"完成"→"平行"→"规则截面"→"草绘截面"→"完成"→"光滑"→"完成"（进入草绘模式）。

3. 绘制剖面

① 绘制图 14-81 所示剖面 1（φ50mm 的圆）。

② 草绘→特征工具→切换剖面（关闭剖面 1，切换为剖面 2）→在中心线交点处绘制点作为剖面 2→✔。

4. 输入圆锥高度

① 输入剖面 2 深度 50→✔。

② 单击混合特征创建对话框中的"确定"按钮，得到图 14-82 所示的圆锥。

图 14-81　圆锥剖面

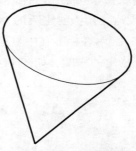

图 14-82　圆锥实体模型

5. 设计实体特征的创建

设计实体特征是依附于已有实体模型上的特征。在进行零件设计时，创建了初始实体特征后，即可开始创建各种设计特征，如钻孔、倒角、增加加强筋及抽壳等。设计实体特征命令位于"特征"→"创建"→"实体"分菜单中，常用的有孔、倒圆角、倒角、筋和壳等。

（1）孔　孔是零件设计中常用的结构，Pro/ENGINEER 5.0 提供了各种轴向剖面形状并且可以以不同尺寸基准定位的孔特征。

1）孔特征操作面板。创建孔特征的操作都是通过图 14-83 所示的孔特征操作面板进行的。该面板大致分成以下几个部分：

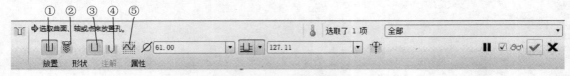

图 14-83　孔特征操作面板

① 创建直圆柱孔。

② 创建螺钉孔和螺钉过孔。

③ 使用预定义矩形作为钻孔轮廓。

④ 使用标准孔轮廓作为钻孔轮廓。

⑤ 使用草绘定义作为钻孔轮廓。

● 草绘剖面创建孔：选择该项，自动进入草绘模式，绘制孔的轴向剖面及作为轴的中心线，如图 14-84 所示（创建钻孔绘制的轴向剖面）。系统将以旋转特征构建方式，使剖面绕轴旋转而形成孔。

● 标准孔：如孔特征操作面板中的选项所示，选择标准孔选项可创建 ISO 等标准结构的螺纹孔和光孔，孔端可以选择锪平结构或倒角结构。创建螺纹孔时应选择全螺纹或指定螺纹长度，创建通孔时应指定孔深，生成带锥底的孔。

操作面板中的"形状"用于设置孔的尺寸大小，其中包括孔的直径和深度。对于"草绘"类型的孔，其尺寸大小是在草绘剖面中标注的；对于"标准孔"类型的孔，按照攻螺纹与否，可以分为攻螺纹孔和间隙孔两种。

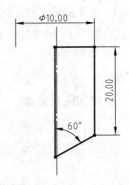

图 14-84　草绘孔的轴向剖面

● 攻螺纹孔：创建新的标准孔时，系统默认选择"攻丝"；"全螺纹"表示在标准孔中贯穿所有的曲面攻螺纹；"可变"表示攻螺纹到指定的深度，如图 14-85 所示。

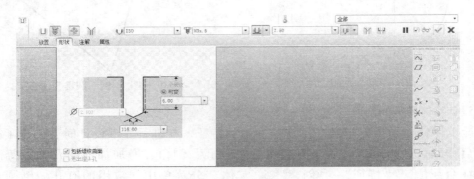

图 14-85　创建攻螺纹孔

● 间隙孔：需关闭对话框上的"攻螺纹"选项，如图 14-86 所示。其中包括有拟合框、埋头孔、沉孔以及退出埋头孔框。

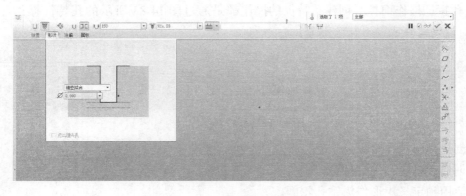

图 14-86　创建间隙孔

操作面板中的"放置"用于设置孔的放置类型，包括如下选项：

● 线性：选择两条边线或两个平面作为两个方向的线性定位参考来标注孔轴线位置的尺寸，如图 14-87。选择该选项后，分别在两个偏移参照输入框中输入线性尺寸值，结果如图 14-88 所示。

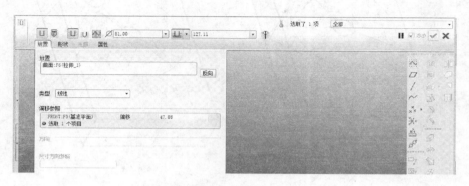

图 14-87　孔轴线线性定位

● 径向：选择一条轴线和一个平面作为极坐标定位参考来标注孔轴线位置的尺寸。其中选取的轴作为标注半径尺寸的参考，平面作为标注角度尺寸的参考，如图 14-89a 所示。此选项的尺寸值输入栏切换为偏移和角度，分别用于输入半径值和角度值。

● 直径：选择一轴和一平面作为极坐标定位参考来标注孔轴线位置的尺寸。其中选取的轴作为标注直径尺寸的参考，平面作为标注角度尺寸的参考，如图 14-89b 所示。此选项的尺寸值文本框也为偏移距离和角度，分别对应于直径值和角度值。

● 同轴：选择一条已存在的轴线作为欲创建孔的轴线。该定位方式操作较为简单，选择创建孔的平面，选择一条轴线，再给定孔的尺寸大小，即可完成孔的创建。

2）创建孔特征范例。

① 创建新文件。

▢→输入文件名 "hole-1"，取消勾选 "使用缺省模板"→"确定"→在 "新文件选项" 对话框中选择 "空"→"确定"。

② 创建长方体。"特征"→"创建"→"实体"→"伸出项"→"拉伸"→"实体"→"完成"→绘制 8 × 4 长方形→✓→输入特征深度 5→✓，得到图 14-90a 所示长方体。

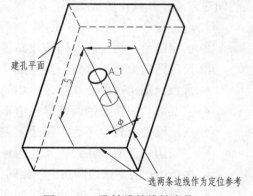

图 14-88　孔轴线的线性定位

③ 以 "线性" 定位方式建立 "直孔" 特征。"创建"→"实体"→"孔"→弹出 "孔" 对话框，输入孔径 1，选择孔深度 "通孔"→选择建孔平面 "长方体顶面"→选择孔轴线的定位参考面 "长方体的正面和右侧面"，分别在相应的直径栏位输入定位尺寸值 2.5 和 4→▨▨▨ ✓，建立图 14-90b 所示的直孔特征。

④ 以 "径向" 定位方式建立 "草绘" 孔特征。"创建"→"实体"→ "孔"（弹出 "孔"

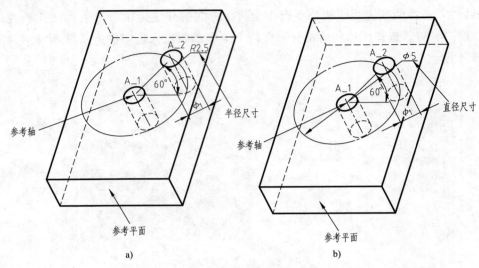

图 14-89　孔轴线的极坐标定位方式

a) 径向　b) 直径

对话框)；选择孔类型"草绘"（自动进入草绘模式），绘制图 14-90c 所示的剖面→ ✓ （返回"孔"对话框），选择建孔平面"长方体顶面"（单击欲建孔的位置）→选择定位方式"径向"→选择定位参考轴"A-1"，输入定位尺寸值 2.5 →选择角度参考面"长方体正面"，输入角度值 45→ ✓ ，建立图 14-90d 所示的直孔特征。

（2）倒圆角　在零件设计中，圆角是常用的结构，Pro/ENGINEER 5.0 提供了圆角特征的创建方法，其操作步骤如下：

① 选择命令。"特征"→"创建"→"实体"→"倒圆角"。

② 指定圆角类型：简单圆角或高级圆角。

③ 设定圆角形式：常数、可变数。

● 常数。圆角边的两端半径值相同。

● 可变数。圆角边的两端半径值不相同，如图 14-91 所示。

④ 指定圆角放置参考为一条边、多条边、边链或相切链。

● 一条边：选取一条边，系统为每一条边创建圆角。

● 多条边：若多条边圆角半径相同，选取多条边时，系统将所选边统一作为一个倒角集。

● 边链：由一组闭合的边创建的圆角。

⑤ 取欲倒圆角的边或面，如图 14-91 所示。

⑥ 输入圆角半径的值。

（3）倒角　在零件设计中，轴端、孔端等部位常做成倒角结构，Pro/ENGINEER 5.0 提供了创建倒角特征的功能，其操作步骤如下：

① 选择命令。"特征"→"创建"→"实体"→"倒角"。

② 指定倒角放置参考为边线、角。

③ 选择尺寸方式，输入尺寸值。

若倒角创建在边线上，则尺寸标注方式如图 14-92a 所示；若倒角创建在角上，则尺寸

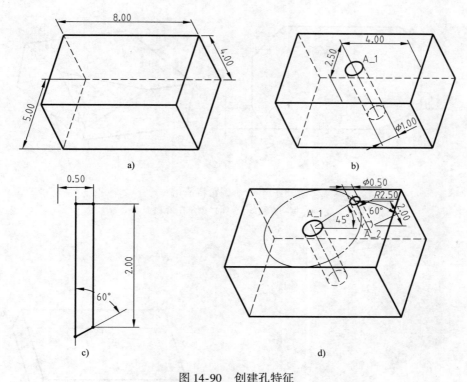

图 14-90　创建孔特征

a）长方体　b）建"直孔"特征　c）孔的轴向剖面　d）创建"直孔"特征

图 14-91　圆角特征

标注方式如图 14-92b 所示。

（4）加强筋　在零件设计中，通常需要创建加强筋，如图 14-93 所示。在 Pro/ENGI-NEER 5.0 中创建加强筋的操作步骤如下：

① 选择命令。"特征"→"创建"→"实体"→"倒角"→"筋"。

② 指定绘图面和参考面。

③ 绘制剖面。

④ 指定材料生长方向。

⑤ 输入加强筋厚度值。

（5）创建圆角、倒角和加强筋特征的范例

1）创建新文件。 ▯→输入文件名 "ro-ch-ri"→"确定"。

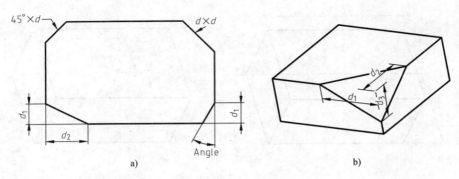

图 14-92 倒角特征

a）倒角在边线上 b）倒角在角上

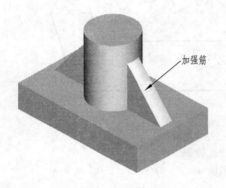

图 14-93 加强筋特征

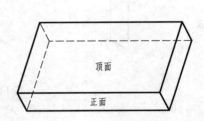

图 14-94 长方体

2）创建长方体。

"特征"→"创建"→"实体"→"伸出项"→"拉伸"→"实体"→"完成"→"单侧"→"完成"→选取基准面"TOP"（绘图面）→"完成"→BOTTOM→选取基准面"FRONT"（参考面）→绘制 10×6 长方形剖面，将矩形几何中心选在基准面交汇点→✓→输入长方体厚度 2→✓→Ok→▣→默认方向，创建图 14-94 所示的长方体。

3）创建圆柱体。"特征"→"创建"→"实体"→"伸出项"→"拉伸"→"实体"→"完成"→"单侧"→"完成"→选取长方体顶面（绘图面）→"正向"→"BOTTOM"→选取长方体正面（参考面）→绘制图 14-95 所示的剖面→✓→"完成"→输入圆柱体的长度 5，创建图 14-96 所示圆柱体与长方体组合的实体模型。

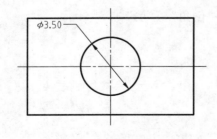

图 14-95 圆柱体剖面

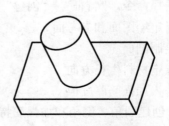

图 14-96 组合的实体模型

4) 创建加强筋。"特征"→"创建"→"实体"→"筋"→选取基准面"FRONT"（绘图面）→"TOP"→选取长方体顶面（参考面）→绘制图 14-97 所示的剖面→"正向"→"完成"（选取材料生长方向）→输入加强筋厚度 1→ ✓ ，创建加强筋，如图 14-98 所示。

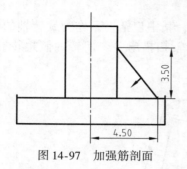

图 14-97　加强筋剖面

图 14-98　创建加强筋

5) 创建圆角。

"特征"→"创建"→"实体"→"倒圆角"→"简单"→"完成"→"常数"→"边链"→"完成"→"相切链"→选取长方体右边的两条棱→"完成"→输入圆角半径值 1→ ✓ →"确定"，创建圆角如图 14-99 所示。

6) 创建倒角。

"特征"→"创建"→"实体"→"倒角"→"边"→45×d→输入 d 值 0.2→选取圆柱体顶圆→"完成参考"→"确定"，在圆柱体顶端创建倒角如图 14-100 所示。

"特征"→"创建"→"实体"→"倒角"→"拐角"→选取长方体左前角一条棱边→"输入"→输入值 1→选取长方体左前角一条棱边→"输入"→输入值 1→选取长方体左前角一条棱边→"输入"→输入值 1（如图 14-99 所示的 1、2 和 3）→"确定"，在左前角处创建一斜角，如图 14-100 所示。

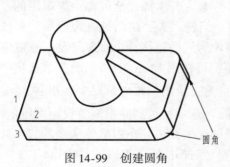

图 14-99　创建圆角

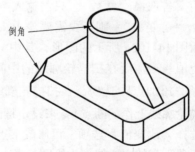

图 14-100　创建倒角

（6）螺旋特征及其应用　产品的很多零件，如弹簧和螺纹紧固件等都具有螺旋特征形状。Pro/ENGINEER 5.0 提供了螺旋扫描特征功能，利用该功能可以设计创建出各种具有螺旋形状的零件。

1) 螺旋扫描。螺旋扫描特征是利用特征创建种类伸出项、切减材料和挖槽中的高级构建方式创建的，即"特征"→"创建"→"实体"→"伸出项"（或切减，或挖槽）→"高级"→"实体"→"完成"→"螺旋扫描"→"完成"。

尽管利用这三种方式创建出的螺旋扫描特征的表现形式不同（差别在于增加材料和切减材料），但是创建的过程都是一样的，都需要进行下列四项内容的操作。

① 属性。螺旋扫描特征的属性包括：

- 螺距：可选择常螺距或变螺距。
- 截面的方位：可选择螺旋截面所在的平面通过旋转轴或螺旋截面垂直于螺旋轨迹。
- 旋向：可选择右旋或左旋。

② 扫描轮廓。创建螺旋扫描特征需要草绘扫描轮廓，其中包括一条作为旋转轴的中心线和扫描轮廓线，如图 14-101 所示。扫描轮廓线绕旋转轴扫描出一个回转的假想轮廓面，螺旋实体特征将沿着该轮廓面生成。

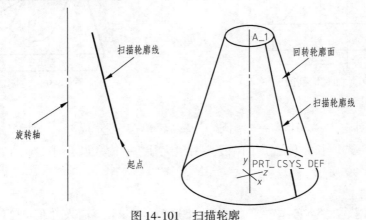

图 14-101 扫描轮廓

草绘扫描轮廓时应注意：必须有一条中心线作为旋转轴；扫描轮廓线不允许是封闭的，不能与中心线垂直，并且它是有起点的；若需要在螺旋中部设置螺距值，则必须使用 ⌐ 命令在扫描轮廓线的该处作出断点。

③ 螺距值。螺距值分为常数与可变数两种，在设置螺旋特征属性时选择。

若选择"常数"，只需输入一个螺距值，创建的螺旋实体特征全部都是等螺距的。若选择"可变数"，则至少需要输入头、尾两处螺距值。当输入头、尾两处螺距值后，系统会显示图 14-102a 所示的图形，其中 x 轴方向表示扫描轮廓线的范围，y 轴方向表示所对应的螺距值。若需要在扫描轮廓线的中间部位设置螺距值，可在图 14-102b 所示的菜单选项中，选择"添加点"选项，在扫描轮廓线上选取点（此点为在绘制扫描轮廓时，利用 ⌐ 命令在扫描轮廓线上作的断点），来设定螺距值；选择"删除"选项，可删除不需要设定螺距值的点；选择"改变值"选项，可修改某点的螺距值至适当的绘图面，并在扫描轮廓线的起点处显示两条正交的中心线作为绘图参考，以便绘制螺旋截面（与扫描特征类似），如图 14-103 所示。

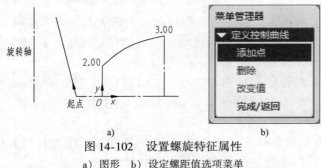

图 14-102 设置螺旋特征属性

a）图形 b）设定螺距值选项菜单

图 14-103 绘制截面

2）弹簧。弹簧是零件中的常用件，它的种类很多，最常见的是螺旋弹簧。图14-104a所示螺旋弹簧的构形是螺旋体，可以使用螺旋扫描特征功能创建。根据弹簧的视图（图14-104b）创建圆柱螺旋压缩弹簧。

为了在使用时保证两端支承平稳，要求对圆柱螺旋压缩弹簧的两端做成并紧磨平结构。因此，创建弹簧时，需选择变螺距，并将两端做磨平处理。

① 创建新文件。▯→输入文件名"spring"→取消勾选"使用缺省模板"→"确定"→弹出"新文件选项"对话框，选择"mmns_part_solid"（使用公制单位内定模板）→"确定"。

② 执行"螺旋扫描"功能。"特征"→"创建"→"实体"→"伸出项"→"高级"→"实体"→"完成"→"螺旋扫描"→"完成"。

③ 选择特征属性。"可变的"→"穿过轴"→"右手定则"→"完成"。

④ 草绘弹簧的扫描轮廓。选择基准面"FRONT"为绘图面→"正向"（接受默认方向）→"缺省"→进入草绘模式，绘制扫描轮廓如图 14-105 所示（制作了两个断点用于变螺距）→✓。

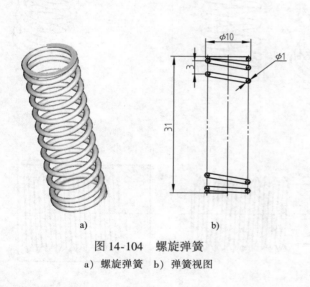

图 14-104   螺旋弹簧

a）螺旋弹簧　b）弹簧视图

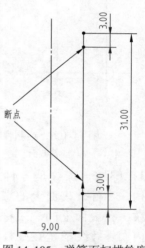

图 14-105   弹簧面扫描轮廓

⑤ 设置螺距值。

输入螺旋轨迹起点处的螺距值 3→✓→输入螺旋轨迹终点处的螺距值 3→✓，此时显示图形（Graph）。

选择默认菜单选项"添加点"→在"图形"中选取断点→输入螺距值 3→✓→选取另一个断点→输入螺距值 3→✓→选取菜单选项"改变值"→选取螺旋轨迹起点→输入螺距值 0→✓→选取螺旋轨迹终点→输入螺距值 0→✓→"完成"。

⑥ 绘制弹簧截面。

系统自动切换至另一方位的绘图面，以两正交中心线的交点为中心绘制弹簧的截面，如图 14-106a 所示。单击特征创建对话框中的"确定"按钮，调整视图显示后，创建的弹簧如图 14-106b 所示。

⑦ 弹簧两端磨平。

利用 Cut 特征功能，将弹簧两端做成磨平结构。

"特征"→"创建"→"实体"→"切减材料"→"实体"→"完成"→"双侧"→"完成"→选取基准面 "FRONT" 为绘图面→"正向"→"缺省"→进入草绘模式，草绘剖面如图 14-107a 所示→✔→确认去除材料方向→"2 侧深度"→"完成"→"确定"，创建弹簧如图 14-107b 所示。

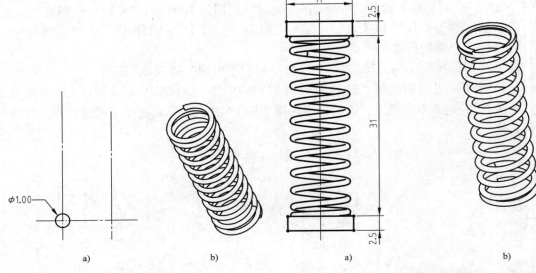

图 14-106　绘制弹簧截面
a）弹簧截面　b）弹簧

图 14-107　磨平弹簧两端面
a）草绘剖面图　b）两端并紧磨平的弹簧

3）螺纹。螺纹是零件上常见的结构。零件外表面上的螺纹称为外螺纹，孔表面上的螺纹称为内螺纹。内、外螺纹都是在圆柱或圆锥表面上沿螺旋线形成的螺旋体，如图 14-108 所示。因此，可使用螺旋扫描特征功能创建螺纹。下面以图 14-109 所示的齿轮油泵中填料压盖为实例，介绍创建零件外螺纹的方法和步骤。

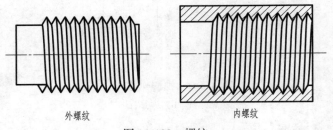

外螺纹　　　　内螺纹

图 14-108　螺纹

① 创建新文件。▯→输入文件名 "Pt1-7"→取消勾选 "使用缺省模板"→"确定"→弹出"新文件选项" 对话框，选择 "mmns_Part_Solid" 选项→"确定"。

② 创建六角头部分。"特征"→"创建"→"伸出项"→"拉伸"→"实

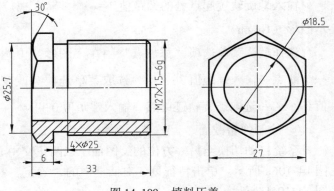

图 14-109　填料压盖

体"→"完成"→"单侧"→"完成"→选取基准面 "RIGHT" 为绘图面→"正向"→"缺省"→绘制图 14-110 所示的剖面→ ✔ (退出草绘模式)→"盲孔"→"完成"→输入六角头厚度值 6→ ✔→"确定"，得到图 14-111 所示的正六棱柱。

③ 切削 30°倒角。"特征"→"创建"→"实体"→"切减材料"→"实体"→"完成"→"单侧"→"完成"；

选取基准面 "TOP" 为绘图面→"正向"→"缺省"→绘制图 14-112a 所示的剖面→ ✔ → "REV TO"→"可变的"→360→"完成"→"确定"，得到图 14-112b 所示的六角头。

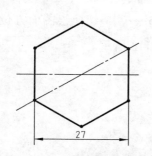

图 14-110　正六棱柱剖面图

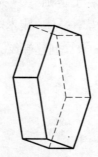

图 14-111　正六棱柱

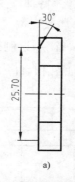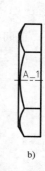

图 14-112　切削 30°倒角
a) 倒角的剖面　b) 六角头

④ 创建圆柱体部分。"特征"→"创建"→"实体"→"伸出项"→"拉伸"→"实体"→"完成"→"单侧"→"完成"→"设置平面"→"产生基准"→"偏距"→选取基准面 "RIGHT"→"输入值"→输入偏移值 33→ ✔→"完成"→"反向"→"缺省"→绘制图 14-113 所示的圆柱剖面→ ✔→"至曲面"→"选取曲面"→选取六角头右端面→"确定"，调整视图显示后，得到图 14-114 所示的六角头与圆柱的组合。

⑤ 创建螺纹退刀槽和倒角。

● 退刀槽："特征"→"创建"→"实体"→"切减材料"→"旋转"→"实体"→"完成"→"单侧"→"完成"→选择基准面 TOP 为绘图面→"正向"→"缺省"→绘制图 14-115 所示的剖面→ ✔→"REV TO"→"可变的"→360→"完成"→"确定"，得到退刀槽，如图 14-116 所示。

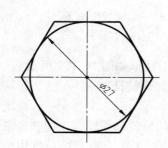

图 14-113　圆柱剖面

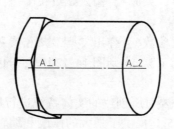

图 14-114　六角头与圆柱的组合

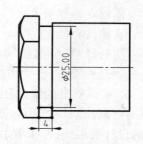

图 14-115　螺纹退刀槽剖面

● 倒角："特征"→"创建"→"实体"→"倒角"→"边"→"布置"→45×d→输入 d 值 1→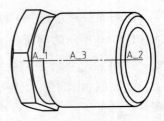→选取圆柱右端面边缘→"添加"→"完成参考"，创建倒角，如图 14-116 所示。

● 创建通孔："特征"→"创建"→"孔"→（显示"孔"对话框）→输入直径 18.5，选择孔的类型 →"放置"→按住 Ctrl 键＋圆柱的右端面＋圆柱的轴线→调整通孔方向→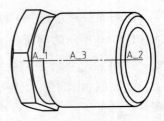，创建通孔，如图 14-116 所示。

图 14-116　螺纹退刀槽、倒角和通孔

● 创建螺纹："特征"→"创建"→"伸出项"→"高级"→"实体"→"完成"→"螺旋扫描"→"完成"→"常数"→"穿过轴"→"右手定则"→"完成"→选择基准面"TOP"为绘图面→"正向"→"缺省"→绘制螺纹扫描轮廓→ →输入螺矩值 1.5→ →切换绘图面方位，绘制螺纹截面，如图 14-117 所示→ →Ok，创建螺纹，如图 14-118 所示。

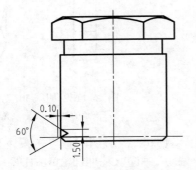

图 14-117　螺纹扫描轮廓和螺纹截面

图 14-118　螺纹特征

4）螺纹装饰特征。螺纹装饰特征不是在实体上创建螺纹，只是带有螺纹信息，以红色线条表示螺纹的直径及终止线，其在二维工程图中表现为螺纹的规定画法，符合制图的规定要求。这里以填料压盖上的螺纹为例，介绍创建螺纹装饰特征的方法。

首先创建尚未制作螺纹的填料压盖，圆柱的直径为螺纹大径的尺寸 $\phi27$mm，如图 14-119所示，再在圆柱面上创建螺纹装饰特征。其方法步骤如下：

① 选择命令："特征"→"创建"→"修饰"→"螺纹"。

② 选择 "螺纹曲面"，选取圆柱面。

③ 选择 "起始曲面"，选取圆柱右端面。

④ 选择 "方向" 为正向。

⑤ 设定螺纹长度："盲孔"→"完成"，输入螺纹长度值：23。

⑥ 输入直径 25.376。

⑦ 选择"特征参数"→"修改参数"，弹出 "螺纹规格参数" 对话框如图 14-121 所示。

⑧ 完成操作。"完成"→"确定"，得到图 14-120 所示的螺纹装饰特征。

6. 实体特征的修改及编辑

在零件设计过程中，常常需要对所创建的实体特征进行反复的修改和编辑，以便获得最佳的设计效果。Pro/ENGINEER 5.0 提供了强大的修改和编辑功能，下面介绍其中最常用的一些基本的修改和编辑命令。

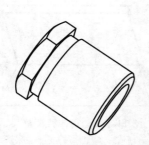

图 14-119 未创建螺纹的填料压盖

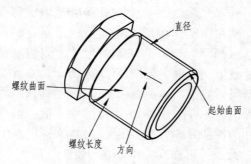

图 14-120 螺纹装饰特征

（1）删除特征 在零件设计的修改过程中，有时需要删除已创建的实体特征，Pro/EN-GINEER 5.0 提供的"删除"命令用于删除特征。具体操作方法有以下几种：

1）使用菜单管理器命令。"特征"→"删除"命令→选取欲删除的特征→"选取特征"→"选取"→"完成"，所选取的特征即被删除。

2）使用 < Delete > 键。单击欲删除的特征，或在模型树中单击特征的名称代号，则被选取的特征以红色加亮显示。按键盘上的 < Delete > 键，在弹出的删除特征确认对话框中单击"确定"按钮，则该特征被删除。

3）使用浮动菜单。在模型树中，右击欲删除特征的名称代号，则弹出图 14-122 所示的浮动菜单，选取其中的"删除"选项，在弹出的删除特征确认对话框中单击"确定"按钮，则该特征被删除。

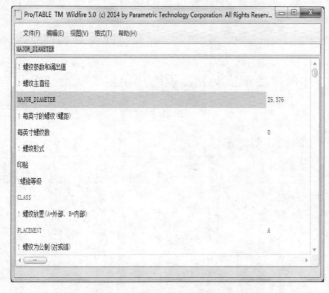

图 14-121 "螺纹规格参数"对话框

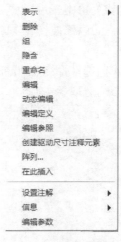

图 14-122 浮动菜单

这里应该注意：在零件设计模式中没有"撤销"功能，特征一经删除，将无法恢复。

（2）修改特征尺寸 在零件设计过程中，为了改变实体特征的大小，经常需要修改尺寸。Pro/ENGINEER 5.0 提供的"修改"→"值"命令用于修改特征的尺寸，具体操作方法如下：

选取"修改"→"值"命令，选取欲修改的实体特征，则在该实体特征上立即显示出所有的尺寸，如图14-123所示。选取欲修改的尺寸，则信息窗口弹出新尺寸数值文本框，如图14-124所示。在此文本框中输入新尺寸数值，然后按＜Enter＞键确认操作。该尺寸变为白色，并显示修改后的尺寸数值，但此时被修改尺寸的特征并未发生变化。在菜单管理器中选取"再生"命令，则修改的尺寸立即发生作用。

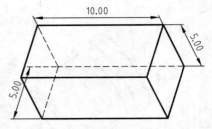

图14-123　实体特征上显示尺寸

图14-124　新尺寸数值文本框

也可以双击实体特征，使该特征上显示出尺寸，然后按照上述方法修改尺寸数值。

还可以在模型树中右击特征的名称代号，调出图14-122所示的浮动菜单，在菜单中选取"修改"选项，此时该特征上显示出尺寸，然后按照上述方法修改尺寸数值。

（3）重新定义特征　在创建实体特征时，会弹出一个创建对话框，如图14-125所示的创建"拉伸"特征的对话框。在对话框中，按照创建过程的步骤列出了所有的创建元素。Pro/ENGINEER 5.0提供"重定义"命令，用户可重新调出特征创建对话框，然后逐一修改其各项创建元素，如"属性""截面""方向""深度"等。使用"重定义"命令的具体操作方法如下：

选取命令"特征"→"重定义"，选取欲修改的实体特征，此时弹出特征创建对话框，在对话框中选取欲修改的创建元素进行修改。完成各项创建元素的修改后单击对话框中的"确定"按钮结束操作。

也可以使用前面所述的调用浮动菜单的方法选取"重定义"命令，即在图14-122所示的浮动菜单中选取"重定义"选项。

下面以修改图14-127a所示的长方体的草绘剖面为例，说明"重定义"命令的操作方法。

1）选取命令"特征"→"重定义"。

2）选取长方体，弹出图14-126所示的创建对话框。

图14-125　创建"拉伸"特征的对话框

图14-126　长方体及其创建对话框

3）在对话框中选取创建元素"截面"，单击"定义"按钮，进入草绘模式，将剖面修改为图 14-127b 所示的图形，单击 ✔ 按钮。

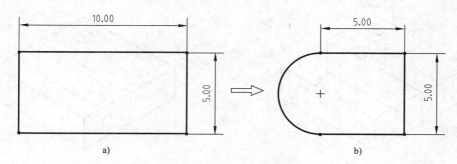

a)　　　　　　　　　　　　　　　　b)

图 14-127　重定义剖面
a）重定义前　b）重定义后

4）在创建对话框中单击"确定"按钮，完成重定义操作。长方体修改后的结果如图 14-128 所示。

（4）复制　"复制"命令用于复制特征。利用该命令，由一个特征一次只能复制出一个特征，复制特征的尺寸大小是可以变化的，命令选项菜单如图 14-129 所示。

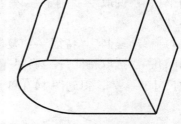

图 14-128　长方体修改后的结果

"复制"命令有下列四种复制方式：

1）新参照。使用与原特征不同的新的参考基准进行特征复制。

2）相同参考。使用与原特征相同的参考基准进行特征复制。

3）镜像。以镜像方式进行特征复制。

4）移动。以移动方式进行特征复制，其中分为"平移"和"旋转"两项。

复制的特征有两种属性可供选择：

1）从属。复制的特征与原特征有尺寸联动关系，即修改其中一个特征的尺寸，则另一个特征的尺寸随之改变。

2）独立。复制的特征与原特征无尺寸联动关系。

（5）"复制"命令的应用范例

1）建立图 14-130 所示的带孔长方体。

2）使用新参考基准复制。"特征"→"复制"→"新参照"→"选取"→"独立"→"完成"→选择圆孔→"选取特征"→"完成"→选择前后定位尺寸 2 和左右定位尺寸 2，直径尺寸 1.5→"完成"→输入新的前后定位尺寸

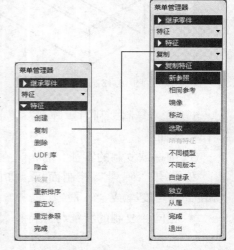

图 14-129　"复制"命令选项菜单

1.5→ ✔，输入新的左右定位尺寸 2.5→ ✔，输入新的直径尺寸 1→ ✔ 选择新的建孔平面为长方体的前面→选择新的定位基准面为长方体前面与顶面的交线→选择另一个新的定位基准

面为长方体前面与右侧面的交线→选择"完成"，复制出前后通孔，如图14-131所示。

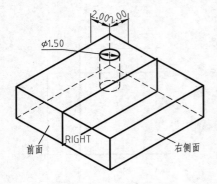

图14-130　带孔长方体

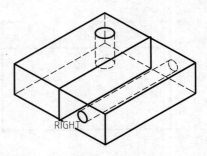

图14-131　使用新的参考基准复制特征

3）镜像复制。"特征"→"复制"→"镜像"→"选取"→"独立"→"完成"→选择长方体上的两个孔→"选取"→"确定"→选择基准面"RIGHT"为对称面，得到图14-132所示的镜像复制结果。

4）移动复制。"特征"→"复制"→"移动"→"选取"→"独立"→"完成"→选择长方体左上角的孔→"选取特征"→"确定"→平移→选择前后定位尺寸1.5→"完成"→输入新的前后定位尺寸9→☑，得到图14-133所示的移动复制结果。

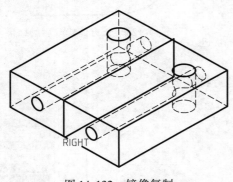

图14-132　镜像复制

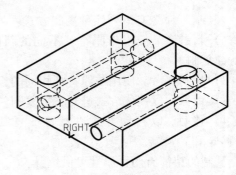

图14-133　移动复制

5）阵列复制。利用"阵列"复制命令可由一个特征一次复制出多个特征。阵列复制的操作步骤如下：

① 选择欲复制的特征，右击，在弹出的快捷菜单中选择"阵列"或"编辑"→阵列。

② 打开"阵列"控制面板，如图14-134所示。单击"选项"，显示复制特征的类型"相同""可变"或"一般"。

● 相同：复制的特征与原特征大小相同。

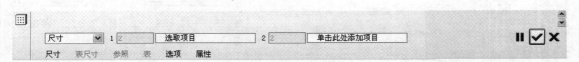

图14-134　"阵列"控制面板

- 可变：复制的特征与原特征的大小可不相同，但复制的特征不能相互重叠。
- 一般：复制的特征与原特征的大小可不相同，且复制的特征也可相互重叠。

③ 在两个方向（"方向 1"和"方向 2"）上确定下面两项数据。

- 选择需变化的尺寸，并输入其增量。
- 输入该方向上复制的数量→✓。

④ 选取"完成"完成复制。"阵列"复制的特征与原特征有联动关系，删除其中任何一个特征，则所有的都会被删除。若只要删除复制的特征，保留原特征，可单击鼠标右键在弹出的快捷菜单中选择"删除阵列"命令。

"阵列"复制命令的应用范例。

① 首先建立一个图 14-135 所示的带孔长方体。

② 线性阵列复制。在模型树中选择"孔"→右击→阵列→控制面板→"选项"→一般→尺寸单击面板上的"尺寸"按钮→按住 < Ctrl > 键选择前后定位尺寸 2 及左右定位尺寸 2，输入 3→✓→输入复制的数量 3→✓，复制圆孔，如图 14-136 所示。

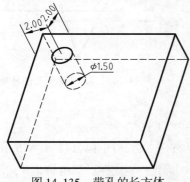

图 14-135　带孔的长方体

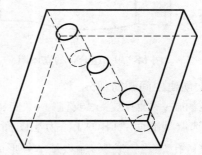

图 14-136　线性阵列复制

③ 径向阵列复制。以径向定位方式建立一圆孔，如图 14-137 所示→以"径向"方式创建新孔→选择新建的孔→鼠标右击→阵列→控制面板→轴→选择角度值 0，输入增量 90→✓输入复制的数量 4→✓，复制出三个径向阵列的孔，如图 14-138 所示。

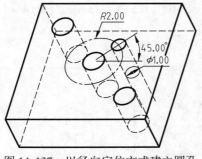

图 14-137　以径向定位方式建立圆孔

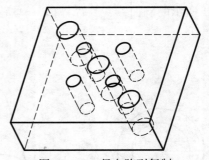

图 14-138　径向阵列复制

14.4　组合体造型设计

根据图 14-139 所示组合体的立体图，进行组合体的三维造型设计。大致分为三步：首先设计位于中间的圆筒部分；然后设计位于圆筒上的孔和槽；最后设计位于两侧的底板部分。

1. 建立新文件

□→输入文件名"Assembly"→取消勾选"使用缺省模板"→"确定"→选取"mmns-part-solid"（公制单位实体零件设计模板）选项→"确定"，进入零件设计工作环境，设计工作区显示基准坐标系"PRT-CSYS-DEF"和三个相互垂直的基准面"FRONT""TOP""RIGHT"，如图 14-140 所示。

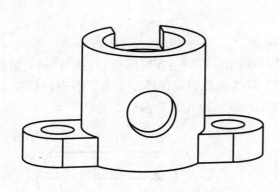

图 14-139　组合体的立体图

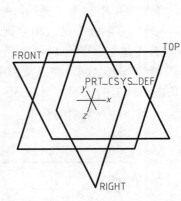

图 14-140　零件设计工作环境

2. 创建中间圆筒部分

"特征"→"创建"→"实体"→"伸出项"→"拉伸"→"实体"→"完成"→"单侧"→"完成"→选取基准面"FRONT"为绘图面→"正向"→"缺省"→绘制图 14-141 所示的剖面→☑→"盲孔"→"完成"→输入基本外形的厚度 30→☑→"确定"→▣→"缺省方向"，调整视图显示，得到图 14-142 所示的结果。

3. 挖切圆筒上的孔和槽

（1）挖切孔的基本外形　"特征"→"创建"→"实体"→"切减材料"→"拉伸"→"实体"→"完成"→"单侧"→"完成"→选择"RIGHT"面为绘图面→"正向"→"缺省"→绘制图 14-143 所示的剖面→☑→"盲孔"→"完成"→输入内腔深度：25→☑，得到图 14-144 所示的结果。

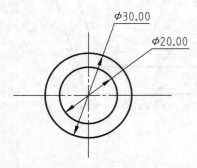

图 14-141　基本外形剖面

图 14-142　中间圆筒部分的基本外形

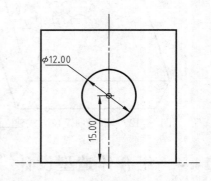

图 14-143　圆孔的剖面

（2）挖切槽的基本外形　"特征"→"创建"→"实体"→"切减材料"→"拉伸"→"实体"→"完成"→"单侧"→"完成"→绘图面选择"使用先前的"→"正向"→绘制图14-145所示的剖面→✓"反向"→"盲孔"→"完成"→输入挖切的深度：15→✓，得到图14-146所示的结果。

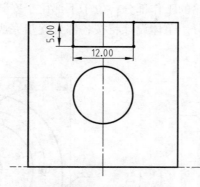

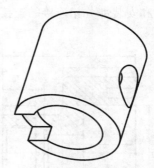

图14-144　圆筒上挖出圆孔　　　　图14-145　方形槽的剖面　　　　图14-146　圆柱顶部的方形槽

4. 创建两侧底板部分

"特征"→"创建"→"实体"→"伸出项"→"拉伸"→"实体"→"完成"→"单侧"→"完成"→选取基准面FRONT为绘图面→"正向"→"缺省"→绘制图14-147所示的剖面→✓→"盲孔"→"完成"→输入底板厚度7.5→✓，得到图14-148所示的两侧底板。

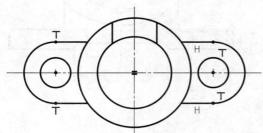

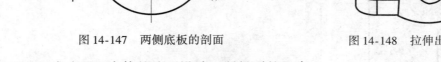

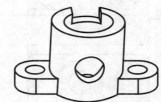

图14-147　两侧底板的剖面　　　　　　　　　图14-148　拉伸出的两侧底板

至此，完成了组合体的造型设计，所得到的组合体的三维模型如图14-149所示。

5. 保存

（1）保存　在工具栏中单击快捷按钮▣；在信息窗口的文件名文本框中显示文件名"ASSEMBLY.PRT"，单击"确定"按钮，将该文件保存在当前工作目录中。

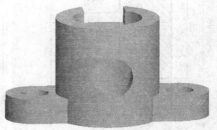

图14-149　组合体的三维模型

（2）保存副本　在工具栏中单击快捷按钮▣；弹出"保存副本"对话框，选择保存文件的目录，在"新建名称"文本框中输入与原文件名"Assembly"不同的新文件名；单击"确定"按钮，将该文件以新文件名保存在指定的文件目录中。

14.5   零件设计

根据图 14-150 所示的齿轮油泵泵体，进行泵体的三维零件模型设计。泵体大致分为三个部分：位于上部包容支撑齿轮的工作部分；位于下部用于安装的安装底板部分；将工作部分和安装部分相连接的连接部分。泵体设计将按各部分逐步完成。

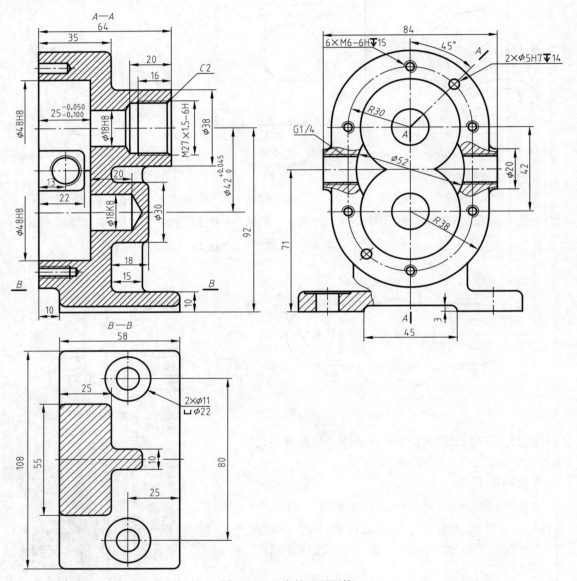

图 14-150   齿轮油泵泵体

1. 建立新文件

□→输入文件名"Pumpbody"→取消勾选"使用缺省模板"→"确定"→选取"mmns-part-solid"（公制单位实体零件设计模板）选项→"确定"，进入零件设计工作环境，设计工作区显示基准坐标系 PRT-CSYS-DEF 和三个相互垂直的基准面 FRONT、TOP、RIGHT，如图 14-151 所示。

2. 创建工作部分

（1）拉伸基本外形　"特征"→"创建"→"实体"→"伸出项"→"拉伸"→"实体"→"完成"→"单侧"→"完成"→选取基准面 FRONT 为绘图面→单击"草绘"按钮，进入草绘界面→绘制图 14-152 所示的剖面→☑→选择拉伸类型后输入截面厚度→输入基本外形的厚度 35→☑→🔳→"缺省方向"，调整视图显示，得到图 14-153 所示的结果。

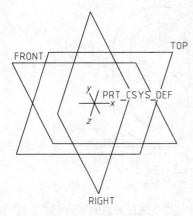

图 14-151　零件设计工作环境

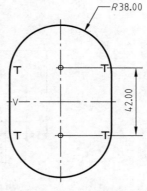

图 14-152　基本外形剖面

图 14-153　工作部分的基本外形

（2）挖切包容齿轮的内腔　"特征"→"创建"→"实体"→"切减材料"→"拉伸"→"实体"→"完成"→"单侧"→"完成"→选择基本外形的前面为绘图面→"正向"→"缺省"→绘制图 14-154 所示的剖面→☑→选择从草绘平面以指定深度值拉伸→输入内腔深度 25→单击"移除材料"图标→☑，得到图 14-155 所示的结果。

（3）挖切进出油孔处空腔　"特征"→"创建"→"实体"→"切减材料"→"拉伸"→"实体"→"完成"→"单侧"→"完成"→"使用先前的"→"正向"→绘制图 14-156 所示的剖面→☑→选择从草绘平面以指定深度值拉伸→输入空腔深度 22→单击"移除材料"图标→☑，得到图 14-157 所示的结果。

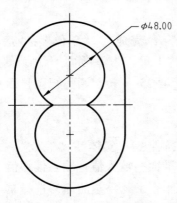

图 14-154　内腔的剖面

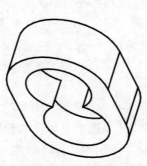

图 14-155　泵体内腔

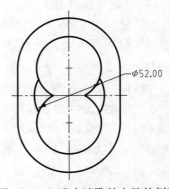

图 14-156　进出油孔处空腔的剖面

3. 创建安装底板部分

（1）拉伸底板　"特征"→"创建"→"实体"→"伸出项"→"拉伸"→"实体"→"完成"→"单侧"→"完成"→"产生基准"→"偏距"→选取基准面"FRONT"作为偏移基准面→输入值→输入偏移值：25→→反向（取反方向拉伸）→顶→选取基准面"TOP"为参考面→绘制图 14-158 所示的剖面→→选择从草绘平面以指定深度值拉伸→输入底板宽度 58→，得到图 14-159 所示的安装底板。

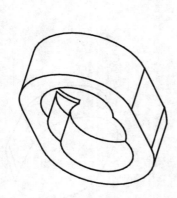

图 14-157　进出油孔处的空腔

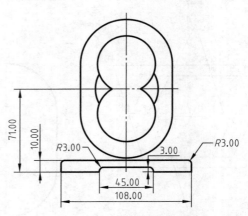

图 14-158　安装底板的剖面

（2）挖切安装沉孔　"特征"→"创建"→"实体"→"切减材料"→"拉伸"→"实体"→"完成"→"单侧"→"完成"→选取底板顶面为绘图面→"正向"→"缺省"→绘制图 14-160a 所示的剖面→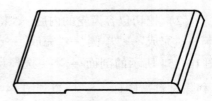→"正向"→"穿过所有"→"确定"，创建两个通孔。

图 14-159　安装底板

"特征"→"创建"→"实体"→"切减材料"→"拉伸"→"实体"→"完成"→"单侧"→"完成"→"使用先前的"→"正向"→绘制图 14-160b 所示的剖面→→"正向"→"盲孔"→"完成"→输入沉孔的锪平深度 2→，调整视图显示后，得到图 14-160c 所示的安装沉孔。

4. 创建连接部分

"特征"→"创建"→"实体"→"伸出项"→"拉伸"→"实体"→"完成"→"单侧"→"完成"→选取底板前面为绘图面→"反向｜正"→顶→选取基准面"TOP"为参考面→绘制图 14-161 所示的剖面→→"盲孔"→"完成"→输入连接部分的厚度 25→，调整视图显示后，得到图 14-162 所示的连接部分。

5. 创建主动轴的支撑部分

（1）拉伸圆柱　"特征"→"创建"→"实体"→"伸出项"→"拉伸"→"实体"→"完成"→"单侧"→"完成"→"产生基准"→"偏距"→选择泵体作为偏移基准面→输入值→输入偏移值 −64→→"完成"→"正向"→"缺省"→绘制图 14-163 所示的剖面→→至曲面→选择泵体工作部分的右端面→确定，得到图 14-164 所示的结果。

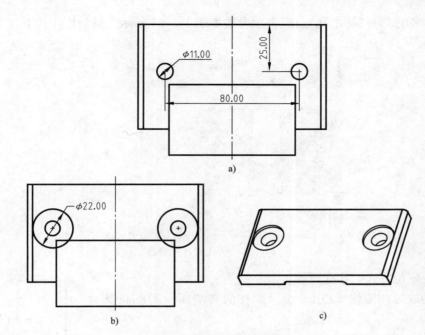

图 14-160 挖切安装沉孔

a) 安装孔剖面 b) 沉孔的剖面 c) 安装沉孔

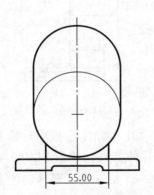

图 14-161 连接部分的剖面

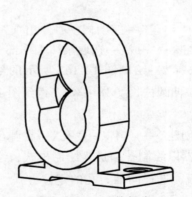

图 14-162 连接部分

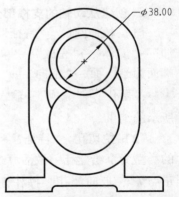

图 14-163 拉伸圆柱的剖面

（2）挖切孔 "特征"→"创建"→"实体"→"孔"，弹出 "孔"操作面板，进行下列操作：

1）使用默认类型的孔：简单孔。

2）圆孔直径：输入 18，按＜Enter＞键。

3）孔深：选择通孔。

4）孔的定位方式：选择同轴。

5）孔的放置：按住＜Ctrl＞键＋圆柱的右端面＋拉伸圆柱轴线。

单击 ✓ 按钮确认操作，建立 $\phi18mm$ 的通孔。

"特征"→"创建"→"实体"→"孔"，弹出"孔"操作面

图 14-164 主动轴支撑部分

板，选择孔的类型为"标准孔"，其各项参数如图 14-165 所示。其余操作如下：

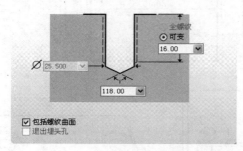

图 14-165 钻孔的各项参数

1）孔的定位方式：选择同轴。

2）孔的放置：按住 < Ctrl > 键 + 圆柱的右端面 + ϕ18mm 圆柱轴线。

确认操作，调整视图显示（RIGHT 视图），得到图 14-166 所示的结果。

6. 创建从动轴的支撑部分

（1）拉伸圆柱 "特征"→"创建"→"实体"→"伸出项"→"拉伸"→"实体"→"完成"→"单侧"→"完成"→选取泵体工作部分的右端面为绘图面→"正向"→"缺省"→绘制图 14-167 所示的剖面→ ✔ →"盲孔"→"完成"→输入拉伸圆柱长度18→ ✔ ，得到图 14-168 所示的结果。

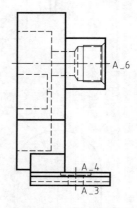

图 14-166 通孔及螺纹孔

（2）挖切孔 "特征"→"创建"→"实体"→"孔"→在弹出的"孔"操作面板中选择孔的类型为草绘建孔→激活草绘器以绘制孔→进入绘制模式，绘制孔的剖面，如图 14-169 所示→ ✔ ，返回"孔"操作面板，选择同轴为孔的定位方式，按住 < Ctrl > 键 + 泵体内腔右端面 + 拉伸圆柱的轴线→单击 ✔ 按钮确认操作，得到图 14-170 所示的结果。

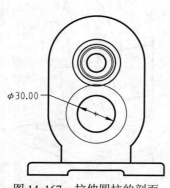

图 14-167 拉伸圆柱的剖面

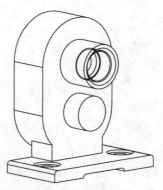

图 14-168 从动轴支撑部分

图 14-169 钻孔剖面

7. 创建进出油孔

（1）拉伸圆柱 "特征"→"创建"→"实体"→"伸出项"→"拉伸"→"实体"→"完成"→"单侧"→"完成"→"产生基准"→"偏距"→选取基准面 "RIGHT" 作为偏移基准面→输入值→输入偏移值84/2→✔→"反向|正向"→"缺省"→绘制图 14-171 所示的剖面→✔→"至曲面"→"完成"→选择泵体前端面→"确定"，得到图 14-172 所示的结果。

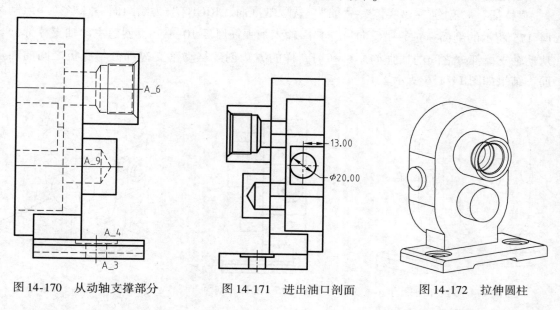

图 14-170　从动轴支撑部分　　　　图 14-171　进出油口剖面　　　　图 14-172　拉伸圆柱

（2）镜像复制拉伸圆柱 "特征"→"复制"→"镜像"→"独立"→"完成"→选取拉伸圆柱→"完成"→选取基准面 "RIGHT" 为镜像对称面，在泵体的后侧复制创建一个拉伸圆柱。

（3）创建螺纹孔 "特征"→"创建"→"实体"→"孔"→在 "孔" 操作面板中，选择 "标准孔" 建孔类型，螺纹规格选择 M13×1（近似 1/4 管螺纹的大径），其他各项参数的设置如图14-173所示。

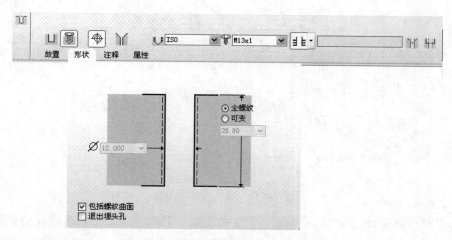

图 14-173　进、出油口螺纹孔的各项参数

选择"同轴"为孔的定位方式，选择拉伸圆柱端面为建孔平面，选取拉伸圆柱的轴线为参考轴，单击 按钮确认操作，在进出油孔处创建螺纹通孔，如图 14-174 所示。

8. 创建加强筋

创建主动轴支撑部分与从动轴支撑部分之间的加强筋。操作如下：

"特征"→"创建"→"实体"→"筋"→选取基准面"RIGHT"为绘图面→"缺省"→绘制图 14-175 所示的剖面→✔→"反向|正向"→输入加强筋厚度 10→✔，创建主动轴支撑部分与从动轴支撑部分之间的加强筋。再利用同样的方法创建从动轴支撑部分与底板之间的加强筋，结果如图 14-176 所示。

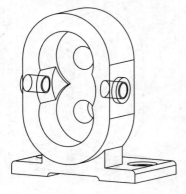
图 14-174　进、出油孔

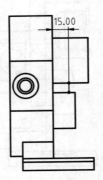
图 14-175　加强筋剖面

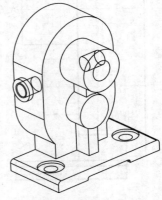
图 14-176　加强筋

9. 创建泵体前端面上的六个螺纹孔

（1）先创建一个螺纹孔　"特征"→"创建"→"实体"→"孔"；在"孔"操作面板中，选择"标准孔"建孔类型，其他各项参数的设置如图 14-177 所示。

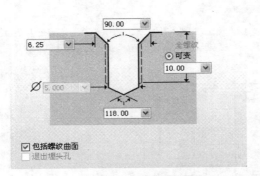
图 14-177　螺纹孔各项参数

建孔平面选择泵体前端面，建孔定位方式选择"径向"，选取主动轴孔的轴线为参考轴，半径值为 30，选取基准面"TOP"为角度参考面，角度值为 0。单击 按钮确认操作，创建位于泵体前端面前上方的螺纹孔。

（2）阵列复制螺纹孔　→选取创建的螺纹孔→右击→阵列→选取角度尺寸值"0"→输入尺寸增量90→输入复制螺纹孔的数量3→✓，完成陈列复制，创建泵体前端面上方的三个螺纹孔。

（3）镜像复制螺纹孔　"特征"→"复制"→"镜像"→"独立"→"完成"→选取三个螺纹孔中的任意一个，则三个螺孔全被选中→选取基准面"TOP"作为镜像对称平面，完成镜像复制，结果如图 14-178 所示。

10. 创建泵体左端面上的两个销孔

"特征"→"创建"→"实体"→"孔"→在"孔"对话框中选择"草绘建孔"建孔类型→进入草绘模式，绘制图 14-179 所示的销孔剖面→✓，返回"孔"操作面板→选择泵体左端面为建孔平面，选择建孔的定位方式为 Radial，选取主动轴孔的轴线为参考轴，输入半径值30→选取基准面"TOP"为角度参考面，输入角度值45→单击　✓　按钮确认操作，创建位于泵体左端面前上方的销孔。再利用同样的方法创建泵体左端面后下方的另一个销孔，结果如图 14-180 所示。

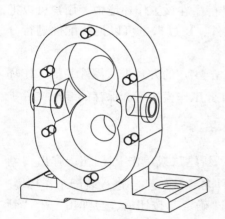

图 14-178　泵体前端面的六个螺纹孔

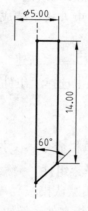

图 14-179　销孔的剖面

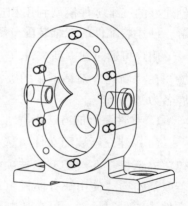

图 14-180　泵体左端面的销孔

11. 创建圆角

泵体零件为铸造件，在所有铸造面的拐角处，都应铸造圆角。

创建泵体右端面边缘处的圆角："特征"→"创建"→"实体"→"倒圆角"→"简单"→"完成"→"常数"→"边链"→"完成"→"相切链"→选取泵体右端面边缘，如图 14-181 所示→"完成"→输入圆角半径3→✓→确定，结果如图 14-182 所示。

12. 保存

（1）保存　在工具栏中单击快捷按钮；在信息窗口的文件名文本框中显示文件名"PUMPBODY. PRT"，单击"确定"按钮，将该文件保存在当前工作目录中。

（2）保存副本　在工具栏中单击快捷按钮；弹出"保存副本"对话框，选择保存文件的目录，在"新建名称"文本框中输入与原文件名"pumpbody"不同的新文件名；单击"确定"按钮，将该文件以新文件名保存在指定的文件目录中。

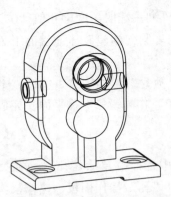

图 14-181　选取欲建圆角的边缘

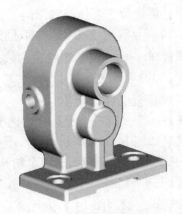

图 14-182　创建圆角，完成泵体设计

14.6　零件装配

Pro/ENGINEER 5.0 提供的 Assembly 模块用于零件装配。在该工作环境中，用户可以把创建好的三维零件模型利用相应的约束方式组装成装配件，反过来也可以把装配件进行分解，创建装配件的三维装配分解模型。

用户可通过建立新文件（"文件"→"新建"或单击 🗋）的方式进入零件装配工作环境，在"新建"对话框中的类型选项中选择"组件"。在此工作模式下，保存的装配文件扩展名为".asm"。

1. 零件装配的方法步骤

（1）建立新装配文件　选择菜单栏命令"文件"→"新建"或单击 🗋 按钮，弹出"新建"对话框；在"类型"选项中选择"组件"→输入文件名→"确定"，进入装配工作环境。若取消勾选"使用缺省模板"（不使用默认模板），单击"确定"按钮后，会弹出一个"新文件选项"对话框，可在其中选择模板文件。例如，"孔"选项是空模板；若需要三个装配基准面，可选用"mmns_asm_design"（公制单位的零件装配设计模板）选项。单击"确定"按钮后，进入零件装配工作环境。

（2）进行装配操作

1）调入第一个零件。"插入"→"元件"→"装配"→在弹出的"打开"对话框中选取欲调入零件的文件→"打开"，该零件即被调入，显示在主窗口。

2）调入另一个零件。"插入"→"元件"→"装配"→在弹出的"打开"对话框中选取欲调入零件的文件→"打开"，该零件即被调入。在弹出的图 14-183 所示的"元件放置"操作面板的最上方有两个控制调入零件显示方式的按钮，其中 回（组件窗口）表示将调入的零

图 14-183　"元件放置"操作面板

件显示在主窗口中（默认方式），如图 14-184 所示；▣（独立窗口）表示将调入的零件显示在子窗口中，如图 14-185 所示。

图 14-184 主窗口显示方式

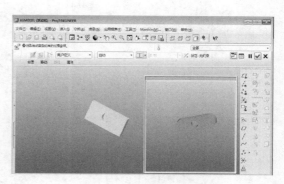

图 14-185 子窗口显示方式

（3）指定装配约束种类进行组装 在"元件放置"操作面板的约束定义栏中选择装配约束种类，分别在两个零件上选取与约束相关的部位（一般两个零件间至少需要两个装配约束才能确定彼此之间的相对位置关系），单击 ✔ 按钮，两个零件自动装配在一起。反复进行上述操作，可将多个零件组装成装配件。

（4）分解装配件 使用菜单栏命令"视图"→"分解"或"视图"→"视图管理器"→"分解"，可将装配件分解，创建装配件的分解模型。使用菜单栏命令"视图"→"分解"→"编辑位置"，可调节分解模型中零件间的距离。使用菜单栏命令"视图"→"分解"→"取消分解视图"，可将分解的装配件恢复为原始状态。

2. 零件装配的约束种类

如图 14-186 所示，共有十种装配约束。

（1）自动 系统将根据在装配零件上所选取的部位，自动施加下面所介绍的某种约束。

（2）配对 两平面反向结合，其中包含三种约束方式，用户可在图 14-187 所示的下拉列表框中选取。

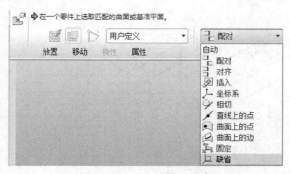

图 14-186 十种装配约束

图 14-187 "匹配"的三种约束方式

1）重合。两平面面对面贴合。

2）定向。两平面平行，方向相反。

3）偏移。两平面定距离反向平行，需输入距离值，以确定间隔大小。

三种约束方式如图 14-188 所示。

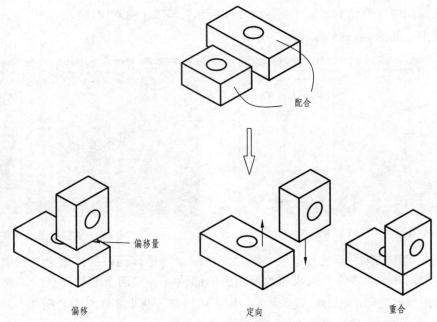

图 14-188 "匹配"装配约束

（3）对齐 两平面同向对齐或两中心线对齐成共线。其中两平面同向对齐也包含三种约束方式，如图 14-189 所示。

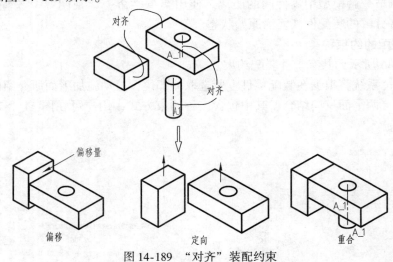

图 14-189 "对齐"装配约束

1）偏移。两平面定距离同向平行，需输入距离值，以确定间隔大小。

2）定向。两平面同向平行。

3）重合。两平面同向对齐且位于同一个平面；或者两中心线重合成共线。

（4）插入 常用于轴与孔的配合。如图 14-190 所示，在选取轴和孔时要点选其圆柱面，而"对齐"约束是选取轴或孔的轴线。

（5）坐标系 利用坐标系为参数基准进行装配，注意 X、Y 轴的方向，如图 14-191 所示。

（6）以点、线、面相接的方式进行装配

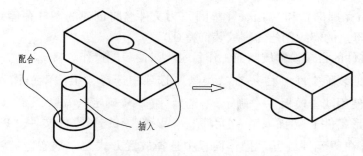

图 14-190　"插入"装配约束

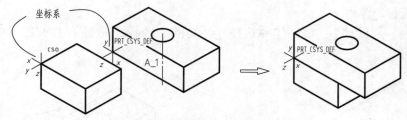

图 14-191　"坐标系"装配约束

1）相切。两曲面以相切的方式相接。

2）线上点。两线上的某一点相接。

3）曲面上的点。两曲面上的某一点相接。

4）曲面上的边。两曲面上的某一边相接。

3. 零件装配范例

本节以最常见的装配结构"螺栓连接"（图 14-192）为例，介绍装配件的模型设计。图 14-192 所示的螺栓连接由五个零件组成，其中包括：被连接的两个板形零件（其形状及尺寸如图 14-193 所示）以及螺栓（GB/T 5782—2000 M10×40）、螺母（GB/T 6182—2010 M10）和垫圈（GB/T 97.1—2002 10-140HV）。

（1）准备工作

1）利用查表法查得螺纹紧固件的各部分尺寸。

2）根据尺寸进行零件设计，并分别以 Piece.1（板形零件 1）、Piece.2（板形零件 2）、

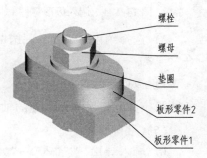

图 14-192　螺栓连接

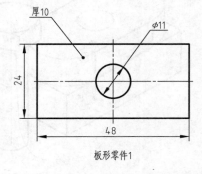

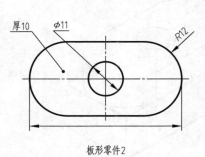

图 14-193　两个板形零件

Bolt（螺栓）、Nut（螺母）和 Washer（垫圈）为文件名将创建的零件存储到指定的文件目录中（螺栓和螺母上的螺纹创建为螺纹装饰特征）。

3）将存储文件的目录设置成当前工作目录，以便装配操作。

（2）建立新的装配文件 □→在"类型"选项中选择"组件"→输入文件名"asse_1"→取消勾选"使用缺省模板"→"确定"→选择"空"→"确定"，进入零件装配工作环境。

（3）调入板形零件1 "插入"→"元件"→"装配"→选择零件文件"Piece1. prt"→"打开"，调入零件并在"元件放置"操作面板中选择放置方式为"缺省"→ ✔，如图 14-194 所示。

（4）装配板形零件2

1）"插入"→"元件"→"装配"→选择零件文件"Piece2. prt"→"打开"，调入零件，如图 14-195 所示。

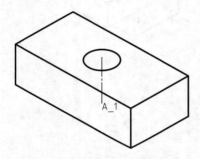

图 14-194 调入板形零件1

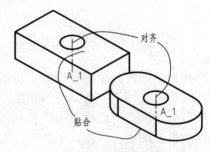

图 14-195 调入板形零件2

2）选择约束"匹配"→选取板形零件2的底面→选取板形零件1的顶面→选择"重合"→ ✔。

3）返回操作面板→"放置"→"新建约束"→"约束类型"→"对齐"→选取板形零件2孔的轴线→选取板形零件1孔的轴线→ ✔，完成板形零件2的装配，如图 14-196 所示。

（5）装配螺栓

1）调入螺栓。"插入"→"元件"→"装配"→选择零件文件"Bolt. prt"→"打开"，调入螺栓如图 14-197 所示。

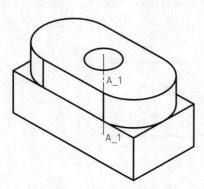

图 14-196 装配板形零件2

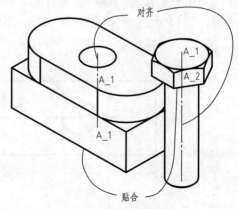

图 14-197 调入螺栓

2）将螺栓六角头内端面与板形零件 1 底面贴合。选择约束 "匹配" →选取螺栓六角头内端面→选取板形零件 1 的底面。

3）将螺栓轴线与两被连接板形零件孔的轴线对齐共线。"放置" → "新建约束" → "约束类型" → "对齐" →选取板形零件孔的轴线→单击 "元素放置" 操作面板中的 ✔ 按钮，完成螺栓的装配，如图 14-198 所示。

（6）装配垫圈

1）调入垫圈。"插入" → "元件" → "装配" →选择零件文件 "Washer. prt" → "打开"，调入零件，如图 14-199 所示。

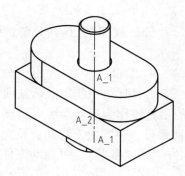

图 14-198　装配螺栓

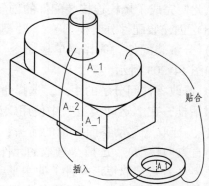

图 14-199　调入垫圈

2）将垫圈下端面与板形零件 2 顶面贴合。选择约束 "匹配" →选取垫圈下端面→选取板形零件 2 的顶面→输入偏距值 0（或 "重合"）→ ✔ 。

3）将垫圈套入螺栓。"放置" → "新建约束" → "约束类型" → "插入" →选取垫圈孔→选择螺栓杆部→单击 "元素放置" 操作面板中的 ✔ 按钮，完成垫圈的装配，如图 14-200 所示。

（7）装配螺母

1）调入螺母。"插入" → "元件" → "装配" →选择零件文件 "Nut. prt" → "打开"，调入零件，如图 14-201 所示。

2）将螺母下端面与垫圈上端面贴合。选择约束 "匹配" →选取螺母下端面→选择垫圈

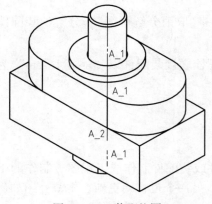

图 14-200　装配垫圈

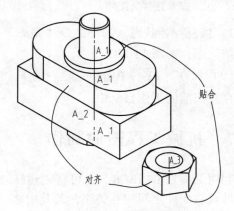

图 14-201　调入螺母

上端面→输入"偏距"值0（或"重合"）→ 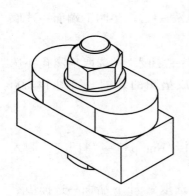。

3）将螺母轴线与螺栓轴线对齐共线。"放置"→"新建约束"→"约束类型"→"对齐"→选取螺母的轴线→选取螺栓的轴线。

4）将螺母前棱面与板形零件2的前面对齐。增加约束。"放置"→"新建约束"→"约束类型"→"对齐"→选取螺母的前棱面→选取板形零件2的前面→输入"角度偏移"值：0→ ✔。

单击"元素放置"操作面板中的 ✔ 按钮，完成螺母的装配。

至此便完成了螺栓连接装配件的创建，如图14-202所示。

（8）创建装配件分解模型

1）分解装配件。选择菜单栏命令"视图"→"分解"→"分解视图"，得到分解的装配件，如图14-203所示。

2）修改零件间分解的距离。选择命令"视图"→"分解"→"编辑位置"，弹出"分解位置"对话框，在"运动类型"中使用默认选项"平移"，"运动参照"中使用默认选项"图元／边"。选取"移动参照"前的箭头，选择板形零件1的铅直棱作为运动参照（以便使零件沿铅直方向移动），选择"选取的元件"前的箭头，拖动螺母、垫圈向上移动，拉大零件间的距离（若再选取板形零件1的水平或前后方向的棱作为"运动参照"，可拖动零件沿这些方向移动），图14-204所示为改变零件间距离后的结果。

图14-202　螺栓连接装配件

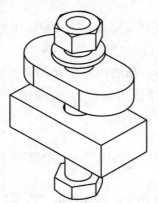
图14-203　分解的装配件

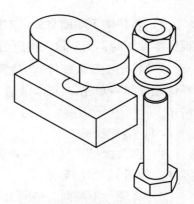
图14-204　改变零件间的距离

3）恢复原始状态。选择命令"视图"→"分解"→"取消分解视图"，分解的装配件恢复为原始状态，如图14-202所示。

（9）保存　🖫→单击信息栏中的 ✔ 按钮，将螺栓联接装配件以"asse_1. asm"为文件名保存在当前的工作目录中。

14.7　机械工程图的制作

利用Pro/ENGINEER 5.0可将创建好的三维零件或装配件制作成工程图。制作的工程图与零件或装配件之间相互关联，若其中之一被更改，另一个也自动更新。本节介绍如何利用三维零件模型创建其工程图。

1. 工程图制作环境设置

（1）建立绘图文件　选择"文件"→"新建"命令或单击  按钮，在"新建"对话框的"类型"选项中选择"绘图"，输入文件名，单击"确定"按钮，则进入工程图制作环境。在此模式下，保存的绘图文件扩展名为".drw"。

若在"新建"对话框中取消勾选"使用缺省模板"（不使用默认的绘图模板），单击"确定"按钮后将弹出图 14-205 所示的"新建绘图"对话框。该对话框中的各项功能如下：

图 14-205　"新建绘图"对话框

图 14-206　格式为空选项

1）指定创建工程图的零件。若内存中有零件，则该零件的文件名显示在对话框上方的"缺省模型"文本框中，作为创建工程图的默认零件。也可利用文本框右侧的"浏览"按钮选择欲创建工程图的零件。

若内存中没有零件，则此文本框显示"无"，此时，需利用"浏览"按钮选择欲创建工程图的零件。

2）选择空白图纸。"指定模板"选项中的选项"空"用于选择绘图的图纸。其中在"方向"选项中，"横向""纵向"为标准图幅的图纸；"可变"为非标准图幅的图纸。若选择了"横向"或"纵向"选项，可在"标准大小"的下拉列表框中选择标准图幅的图纸 A0～A4 或 A～F。若选择了"可变"选项，可在"大小"栏中设置图纸的宽度和高度。

3）格式为空。"指定模板"选项区中的选项"格式为空"用于调用现有图框，选择了该选项，"新建绘图"对话框中将显示"格式"选项，如图 14-206 所示。在"格式"选项中选择图框文件（".frm"文件），调用已做好的图框。

（2）创建图框文件　建立新的绘图文件时，可调用图框文件（".frm"文件），即使用现有的图框。这样可以避免重复工作，提高工作效率。创建图框文件的方法如下：

1）建立图框文件。→在"新建"对话框的"类型"选项中选择"格式"→输入文件名 →"确定"→选择图纸的图幅→"确定"，进入"格式"工作环境。

2）绘制图框或调用图框。使用绘图工具绘制图框，也可以使用"插入"→"共享数据"→"来自文件"命令导入 AutoCAD 文件（".dwg"或".dxf"文件），即调用在 AutoCAD 中绘制的图框。

3）保存文件。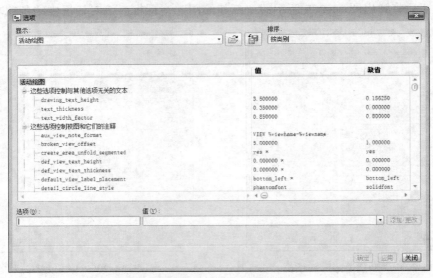→以默认文件名保存为".frm"格式的图框文件，以备调用。

（3）绘图环境变量的设置　在工程图模式中，Pro/ENGINEER 5.0 提供了默认值的绘图环境设置文件（".dtl"文件）。当其中的某些变量值不符合当前绘图标准的要求时，如文本的高度、箭头的长度、尺寸公差是否显示等，可以进行修改，方法如下：

1）选择命令。"文件"→"绘图选项"，弹出图 14-207 所示的"选项"对话框。

图 14-207　"选项"对话框

2）修改环境变量。在对话框的列表中选取欲修改的环境变量，则该环境变量显示在列表下方的"显示"文本框中。也可以在该文本框中直接输入欲修改的环境变量（一般只需输入前几个字母即可自动全部显示），然后在右侧的"值"文本框的下拉列表框中选择（有些需输入）环境变量的值，再单击"添加/更改"按钮来修改环境变量的值。例如，若采用一角投影法，选择环境变量"Projection_type"，其值设置为"first_angle"，单击"添加/更改"按钮；修改环境变量值后单击"应用"按钮，确认应用新值，最后单击"确定"按钮，确认操作并退出对话框。

3）保存修改结果。在"选项"对话框中，单击 按钮，弹出"另存为"对话框。在该对话框中指定文件存储目录，输入文件名，单击"Ok"按钮，将修改后的绘图环境变量文件（".dtl"文件）保存起来。使用时，可利用"选项"对话框中的 按钮打开该文件。

2. 创建视图

在工程图中，视图用于表达机件的结构和形状。图 14-208 所示为创建视图命令菜单，由图可知共有五种类型的视图：一般视图、投影视图、详细视图、辅助视图和旋转视图。

可见区域→视图可见性中创建视图的方式有：全视图、半视图、破断视图、局部视图。每类视图均可制作为"剖面"或"非剖面"视图，下面介绍创建视图的操作方法。

（1）基本视图　创建图 14-209 所示组合体模型 1（"model_1.prt"）的基本视图。

1）建立绘图文件。 →在"类型"选项中选择"绘图"→输入文件名"Draw_1"→取消勾选"使用缺省模板"→"确定"。

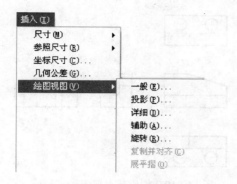

图 14-208　创建视图命令菜单

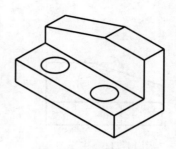

图 14-209　组合体模型 1

在"新建绘图"对话框的"缺省模型"文本框中调入"model_1.prt"零件文件→"空"→选择 A4 图幅→"确定"。

"文件"→"绘图选项"→在"选项"对话框的"选项"文本框中输入"Projection_type"→在"值"的下拉列表框中选取"first_angle"→单击"添加/更改"按钮→"确定"（采用一角投影法）。

2）主视图。窗口→"model_1.prt"→"视图"→"方向"→"重定向"，在绘图面中部选取一点，此处显示三维参考图，并弹出"方向"对话框，如图 14-210 所示。

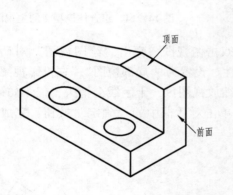

图 14-210　三维参考图

选择组合体前面为"前"参考面（参照 1），选择组合体的顶面为"上"参考面（参照 2），在"名称"文本框中输入视图名称"V1"→"保存视图"→"确定"。

窗口→选择工程图窗口→绘图区右击→插入普通视图→在图形区一点单击，弹出"绘图视图"对话框，选择"类别"中的"视图类型"，选择"V1"，单击"应用"按钮，则系统按"V1"方向定位视图；选择类别中的"比例"选项→定制比例→输入比例值→应用→关闭，则得到组合体的主视图，如图 14-211 所示。单击"确定"按钮确认操作，退出对话框。

3）其他基本视图。在工具栏单击 ⬚ 按钮→选择主视图→右击→插入投影视图→在主视图下部任意选择一点，显示组合体的俯视图。使用同样的命令在主视图的右方选取一点，显示左视图；在主视图的左方选取一点显示右视图；在主视图的上方选取一点，显示仰视图；在左视图的右方选取一点显示后视图。创建组合体的六个基本视图如图 14-212 所示。

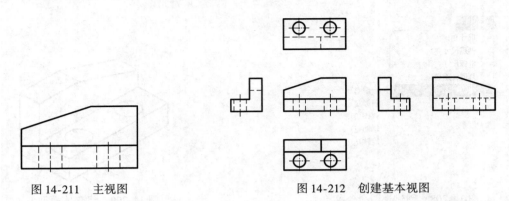

图 14-211　主视图　　　　　　　　　　　　　　　　图 14-212　创建基本视图

（2）辅助视图　创建图 14-213 所示组合体模型（"model_2. prt"）的局部视图和斜视图。使用与上述建立绘图文件和创建组合体模型 1 主视图同样的方法建立绘图文件（"draw_2. drw"），并创建组合体模型 2 的主视图，如图 14-214 所示。

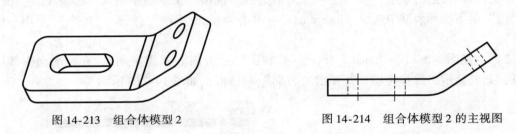

图 14-213　组合体模型 2　　　　　　　　　　　　　图 14-214　组合体模型 2 的主视图

1）局部视图。俯视图如图 14-215 所示。双击俯视图，弹出"绘图视图"对话框，选择"类别"中的"可见区域"，将"视图可见性"设置为"局部视图"，在投影视图的边线上选择一点，选择点附近出现十字线，移动或缩放视图区，十字线会消失，但不妨碍操作；绘制封闭视图边界，单击鼠标中键完成绘制；单击对话框中的"确定"按钮，完成局部视图的创建，如图14-216所示。

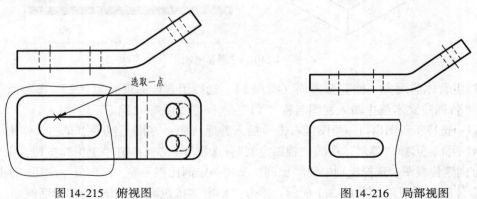

选取一点

图 14-215　俯视图　　　　　　　　　　　　　　　　图 14-216　局部视图

2）斜视图。绘图区右击→插入普通视图→在图形区选择图形放置点→在弹出的"绘图视图"对话框中选择合适的查看方位→单击"确定"按钮，此时显示整体斜视图，如图14-217所示。

双击整体斜视图，弹出"绘图视图"对话框，选择"类别"中的"可见区域"，将

"视图可见性"设置为"局部视图",在整体斜视图的边线上选择一点,绘制封闭视图边界,单击鼠标中键完成绘制;单击对话框中的"确定"按钮,建立局部斜视图,如图 14-218 所示。

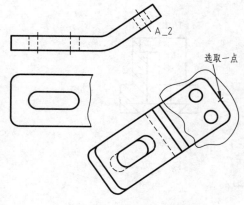

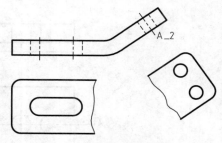

图 14-217　整体斜视图

图 14-218　斜视图

(3) 剖视图　剖视图用于表达机件的内部结构和形状,利用 Pro/ENGINEER 5.0 创建的剖视图有全剖视图,半剖视图和局部剖视图,剖视图类型有剖视、断面和展开断面等。

创建图 14-219 所示组合体模型 3("model_3.prt")的剖视图。

使用前面所述的方法,建立绘图文件("Draw_3.drw")并创建组合体模型 3 的俯视图,如图 14-220 所示。

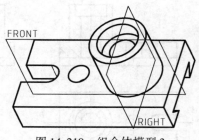

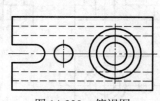

图 14-219　组合体模型 3

图 14-220　俯视图

1) 全剖视的主视图。创建主视图;双击主视图,在弹出的"绘图视图"对话框中,选择"类别"中的"截面"选项,将"剖面选项"设置为"2D 截面",然后单击 ✚ 按钮,将"模型边可见性"设置为"全部";创建新剖截面→"平面"→"单一"→"完成"→输入剖面名称 A→选择参考面 FRONT 作为剖切面→单击"确定"按钮;选择剖视图→右击→添加箭头→选择俯视图,完成操作,得到全剖的主视图,如图 14-221 所示。

2) 半剖的左视图。建立右视图,在主视图右方选取一点,作为左视图摆放的位置→双击左视图→

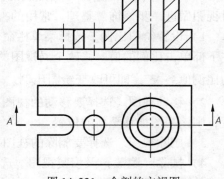

图 14-221　全剖的主视图

"类型"→"剖面"→"剖面选项"→"2D 截面"→ ➕ →创建新剖截面→"平面"→"单一"→"完成"→输入剖面名称 B→选择参考面 "RIGHT" 作为剖切面→"确定"→选择主视图绘制标注剖切符号，完成操作，得到半剖的左视图，如图 14-222 所示。

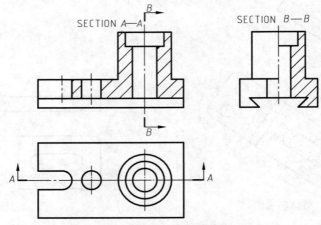

图 14-222　半剖的主视图

3）局部剖的左视图。重新创建左视图，如图 14-224 所示；在菜单中选择剖面 B，再单击鼠标中键（表示不标注剖切符号）→在欲制作局部剖的部位选取一点，再圈画局部剖范围，如图 14-223 所示→"完成" 创建局部剖的左视图，如图 14-224 所示。

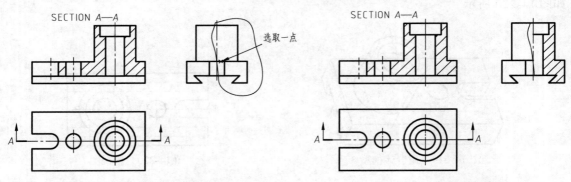

图 14-223　圈画局部剖范围　　　　　　　图 14-224　局部剖左视图

（4）编辑视图　建立好视图之后，为了使其布局合理、表达清晰，以便读图，常常要对视图做进一步修饰、整理。常用的视图操作如下：

1）设置绘图比例。选择菜单栏命令 "编辑"→"值"，修改单独视图比例→在绘图区的左下部单击比例的值，修改全局视图的比例→信息提示区弹出文本框，显示比例值，输入新的比例值→ ✔，即可改变绘图比例。

2）移动视图。选择要移动的视图（需要先在绘图树中取消视图锁定）→选择视图新位置，则该视图被移至新的位置。

3）删除视图。选择要删除的视图→"是"，则该视图被删除。

4）拭除（隐藏）及恢复视图。选择命令 "布局"→"模型视图"→"拭除视图"，选择要拭除的视图，则该视图被隐藏，以绿框显示；选择命令 "布局"→"模型视图"→"恢复视图"，选择要恢复显示的视图（选择绿框），则该视图被恢复。

5）设置视图显示方式。"布局"→"边显示"，弹出"边显示"菜单管理器，如图14-225所示→选择视图中需要处理的边线→选择下列显示方式之一，则该视图的显示发生变化：

- 线框：不可见的图线以虚线显示。
- 拭除直线：视图的可见及不可见图线均以实线显示。
- 消隐：不可见的图线不显示。
- 缺省：视图中的图线以默认的方式显示。

视图中切线的显示方式如下：

- 切线实线：切线以实线显示。
- 切线中心线：切线以点画线（中心线）显示。
- 切线虚线：切线以双点画线显示。
- 切线灰色：切线以暗线显示。
- 切线缺省：切线以默认的方式显示。

切线显示控制也可由"绘图视图"→"类别"→"视图显示"→"相切边"显示样式进行控制。

3. 标注尺寸

在工程图中，机件的大小是用尺寸表示的，尺寸是组成工程图的主要内容之一。Pro/ENGINEER 5.0 工程图中的尺寸由驱动尺寸和绘图尺寸两种类型构成。

利用菜单栏命令"视图"→"显示及拭除"或单击 按钮，将三维零件模型上已存在的尺寸信息在工程图中显示出来，这类尺寸称为驱动尺寸。该类尺寸的变化，可使工程图以及相应的三维零件模型尺寸随之变化。

绘图尺寸是在工程图工作环境中，利用标注尺寸命令"插入"→"尺寸"→"新参照"在工程图中标注出来的尺寸。这类尺寸不具有驱动工程图形及三维零件模型的功能。

下面以图 14-226 所示模型的三视图为例，介绍工程图尺寸的标注。

图 14-225　"边显示"菜单管理器

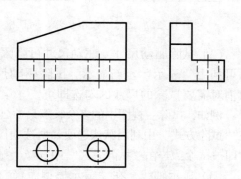

图 14-226　三视图

（1）显示驱动尺寸

1）选择菜单栏命令。注释→插入→，弹出图14-227所示的"显示模型注释"对话框。

2）启动"显示"功能。

单击对话框上方的"显示"按钮（默认选项），在"类型"栏中选择尺寸选项，此时"显示方式"栏中的各选项均处于可选状态。各选项的意义如下：

- 特征：选择某一特征显示尺寸。
- 零件：选择某一零件显示尺寸。
- 视图：选择某一视图显示尺寸。
- 特征和视图：将某一特征的尺寸显示于一个视图。
- 零件和视图：将某一零件的尺寸显示于一个视图。
- 显示全部：在各视图中显示所有的尺寸。

3）显示尺寸操作。在"显示方式"中选择"特征"→在俯视图中选择"圆孔"→单击鼠标中键，显示出圆孔的尺寸。

在"显示方式"中选择"视图"→选择主视图→单击鼠标中键，显示出主视图的尺寸。

在"显示方式"中选择"显示全部"→在弹出的"确认"对话框中单击"是"→单击鼠标中键，显示出全部尺寸，如图14-228所示。

单击"关闭"按钮关闭对话框。

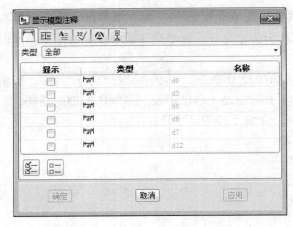

图14-227　"显示模型注释"对话框

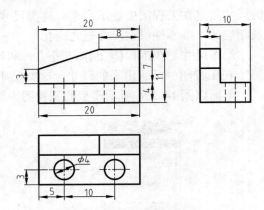

图14-228　显示驱动尺寸

（2）拭除驱动尺寸　驱动尺寸可隐藏起来不显示，这里称为"拭除"，拭除的驱动尺寸还可利用"显示"重新显示。拭除驱动尺寸的操作方法与显示驱动尺寸的操作方法相同，取消对需要拭除的尺寸的勾选即可。

例如，拭除主视图中的多余长度尺寸20。在"显示模型注释"对话框中单击"拭除"按钮，在"拭除方式"中利用默认选项"所选项目"，选取主视图中长度尺寸20，单击鼠标中键，该尺寸即被拭除；若在"拭除方式"中选择"拭除全部"选项，则尺寸全部被拭除。

（3）显示轴线　在"显示模型注释"对话框中，"类型"栏中的"轴"选项用于工程图中显示或拭除三维零件模型中存在的轴线，其操作方法如下：

单击"显示"按钮→在"类型"中选择轴线选项→单击"显示全部"按钮→在弹出的"确认"对话框中选择"是"→单击鼠标中键，各视图中均显示出圆孔的轴线，如图 14-229 所示。

（4）标注绘图尺寸　选择菜单栏命令："插入"→"尺寸-新参照"。

1）在俯视图中标注长度尺寸。单击选取俯视图的左边线→单击选取俯视图的右边线→在俯视图上方单击鼠标中键指定尺寸位置，标注出长度尺寸，如图 14-230 所示。

2）在俯视图中标注圆孔直径尺寸。双击俯视图中的圆→在俯视图右方单击鼠标中键以指定尺寸位置，标注出圆孔的直径尺寸，如图 14-230 所示。

单击鼠标中键，结束标注尺寸命令。

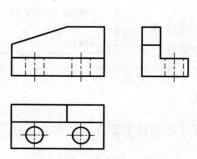

图 14-229　显示轴线

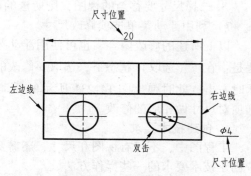

图 14-230　标注绘图尺寸

（5）修改尺寸

1）修改尺寸数值。

① 选择菜单栏命令："编辑"→"值"。

② 选取要修改的尺寸数值，信息提示区弹出尺寸数值文本框，显示原尺寸数值。

③ 在尺寸数值文本框中输入新的尺寸数值。

④ "编辑"→"再生模型"，新尺寸数值立刻在视图中发生作用，同时相应的三维模型也随之变化（只适用于驱动尺寸）。

2）修改尺寸标注的位置。

① 在 ▶（选取）状态下，选取要移动的尺寸（选中的尺寸变为红色显示）。

② 再次单击尺寸数值部位（光标变为十字箭头光标）。

③ 移动鼠标，将尺寸放到新的位置时单击鼠标左键确定。

④ 再在图面空白处单击鼠标左键，完成尺寸的移动操作。

3）反转尺寸箭头。

① 在 ▶（选取）状态下，选取要修改的尺寸（选中的尺寸变为红色显示）。

② 再单击尺寸数值部位（光标变为十字箭头光标）。

③ 右击，选择反向箭头（再右击可以再次选择使箭头反向）。

4）删除绘图尺寸。

① 选取要删除的绘图尺寸。

② 在工具栏中选择图标按钮 ✖ 或选择尺寸，右击→"删除"。

驱动尺寸不能被删除，只能使用前面所述的"拭除"命令，将其隐藏。

5）将串联尺寸排列整齐。

① 选择第一个尺寸并放置在欲对齐的位置。

② 按住 < Ctrl > 键选取欲水平方向对齐或垂直方向对齐的若干个尺寸。

③ 在工具栏中选择图标按钮，所选尺寸的尺寸线排列成一条水平线位置或排列成一条垂直线位置。

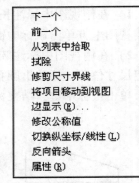

6）将尺寸由一个视图移至另一个视图。

① 选择要移动的尺寸。

②"编辑"→"移动到视图"。

③ 选择尺寸要移至的视图，则所选的尺寸移到该视图中。

7）利用浮动菜单选项修改尺寸。

以上所述的修改内容，也可使用浮动菜单来完成，其操作方法是：在 ▶（选取）状态下，选取要修改的尺寸，其变为红色显示时右击，此时弹出图 14-231 所示的浮动菜单，可选择其中的选项对尺寸做相应的修改。

图 14-231　浮动菜单

4. 创建技术要求

工程图中，不仅有视图和尺寸，还需要用文字或符号表明技术要求。下面介绍在工程图中创建技术要求的一些操作方法。

（1）文字注释　在工程图中，常需要一些文字注释，用户可用菜单栏命令"插入"→"注解"在工程图中进行文字注释。

1）在工程图中书写图 14-232 所示的文字"Technical Specifications"（技术要求）。选择菜单栏命令"插入"→"注解"→使用菜单管理器中的各默认选项→"制作注释"，在图中指定文

图 14-232　文字注释

字摆放的位置→在信息提示区的文字输入栏中输入 Technical Specifications→ ✓，结束文字输入，文字显示在图中指定的位置，如图 14-232 所示。

2）在工程图中为圆孔标注图 14-232 所示的文字注释。选择菜单栏命令"插入"→"注解"→"Iso 引线"→"输入"→" 水平"→"法向引线"→"缺省"→ 制作注释→选取圆孔→"箭头"，在图中指定文字注释的摆放位置→输入 $3 \times \phi5H7 \overline{\nabla} 17$"→ ✓ （其中的 ϕ 和 ∇ 是从图 14-233 所示的"文本符号"中选取的）→ ✓，结束文字输入，创建的文字注释如图14-232所示。

3）修改文字注释。在 ▶（选取）状态下，选取欲修改的文字注释，当其被选中时即显示为红色。此时若按键盘 < Delete > 键，可删除该文字注释；将光标放在该文字注释上时，光标变为十字光标，可用鼠标左键拖动改变其位置；若右击，则弹出一浮动菜单，选择其中的"Properties"（属性）选项，弹出图 14-234 所示的"注解属性"对话框。该对话框具有"文本"和"文本样式"两个选项卡，分别用于修改文字注释的内容和文字注释的样式。例如，将图 14-232所示的文字"Technical Specifications"修改为全部用

图 14-233　文本符号

大写字母表示的、使用"Filled"字型的斜体字。具体操作如下：

在 （选取）状态下，选取文字后右击，在弹出的浮动菜单中选择"属性"选项，此时弹出图14-234所示的"注解属性"对话框，将对话框文本框中的文字"Technical Specifications"重新输入，用大写的字母替换。

单击"文本样式"标签，打开图14-235所示的"文本样式"选项卡。在字体的下拉列表框中选择"Filled"选项，将字体角度值设置为15°，单击"确定"按钮确认操作，修改结果如图14-236所示。

图14-234　"注解属性"对话框　　　　图14-235　"文本样式"选项卡

（2）显示尺寸公差　在工程图中，有些尺寸需要标明公差。Pro/ENGINEER 5.0模型中的每个尺寸均有公差，但是否显示是由环境变量控制的。尺寸公差具有不同的格式，采用哪一种作为默认格式，也是由相应的环境变量来设置的。另外还可以利用修改尺寸属性的方式修改公差格式及其数值。

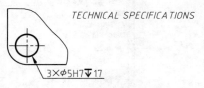

图14-236　修改文字注释

1）显示尺寸公差的环境变量。绘图环境变量配置文件"drawing. dtl"中的选项"tol_ display"用于控制尺寸公差的显示，该变量具有"yes"和"no"两个值，"yes"为显示公差，"no"为不显示公差。使用时，可利用前面所述的关于绘图环境变量设置的方法进行设置。

2）尺寸公差的格式及其默认设置。Pro/ENGINEER 5.0中的配置文件"congfig. pro"中的选项"tol_ mode"提供了下列四种尺寸公差的格式：

- limits：标注上极限尺寸和下极限尺寸，如图14-237a所示。
- nominal：标注公称尺寸，如图14-237b所示。
- plusminus：标注上、下极限偏差值，如图14-237c所示。
- plusminussym：标注正负对称极限偏差值，如图14-237d所示。

显示尺寸公差的默认格式可利用菜单栏命令"工件"→"选项"，在弹出的"选项"对话框中通过环境变量"tol_ mode"来设置。上述四种公差格式为该环境变量的值，可以选择其中一种作为默认的尺寸公差格式。这里应注意：对于工程图中的驱动尺寸，只

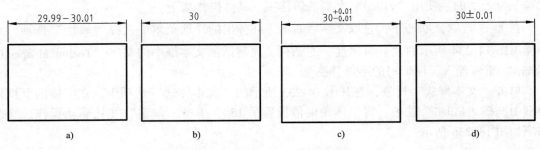

图 14-237　尺寸公差格式

有在零件设计模块中进行模型设计时对"tol_mode"所做的设置，在制作工程图时才起作用。

3）修改尺寸公差格式及其数值。由于默认的环境变量设置对所有的尺寸都起作用，因此所有尺寸的公差格式都是一样的。若要改变某个尺寸的公差格式及其数值，可利用修改尺寸属性的方式进行修改，其操作方法如下：

在 �:arrow: （选取）状态下，选取欲修改的尺寸，当其被选中显示为红色时右击，在弹出的浮动菜单中选择"属性"选项，此时弹出图 14-238 所示的"尺寸属性"对话框。若环境变量"tol_ displayd"的值设置为"yes"，则对话框中的"值和显示""公差"选项区中的各项是激活的，均可做修改操作。其中"公差模式"选项的下拉列表框中包含象征、限制、加-减、对称和照原样。由此，可以进行尺寸公差格式及其尺寸数值的修改。

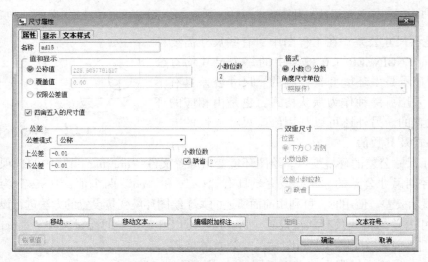

图 14-238　"尺寸属性"对话框

（3）标注表面粗糙度　用户可以在零件设计模块中的三维模型中标注零件的表面粗糙度，然后利用与显示模型尺寸和轴线的相同方法在工程图中显示表面粗糙度。这里主要介绍在工程图中标注表面粗糙度的方法。

1）自定义表面粗糙度符号。"注释"→"文本样式"→"格式化"→"符号库"→"定义"，如图 14-239 所示。在文本框中输入自定义符号名"roughness"，单击 ✔，在弹出的"菜单管理器"中选择"复制符号"，选择系统自带的"sym"文件，在菜单管理器中选择"MA-

CHINED"→"ROUGHNESS"→"AVERAGE"→输入实例高度值→ ✔ →选出点→在绘图区里单击→"完成",选择旧符号的放置,把表面粗糙度数值标识移动到合适位置并绘制短横线→"完成"→根据需要改变符号定义属性,对话框内容如图 14-240 所示→"选出点"→在图上选择表面粗糙度符号上的角点→"确定"→"完成"。

图 14-239 菜单管理器

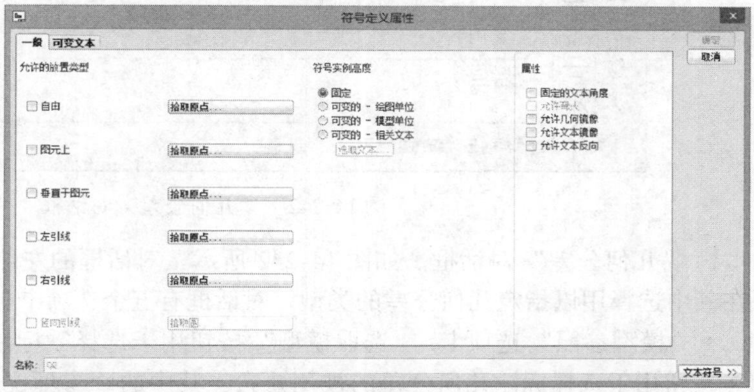

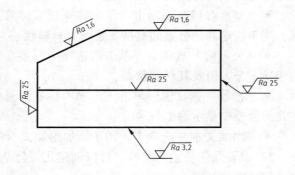

图 14-240 "符号定义属性"对话框

2)标注粗糙度符号。切换到"注释",单击 ³² 按钮进行表面粗糙度标注,在随后弹出的"菜单管理器"中选择"名称"→"roughness"→"选出点",在绘制好的图形上单击完成符号的放置。同时弹出数值输入文本框,输入 $Ra3.2$,单击 ✔ 按钮,完成标注,如图 14-241 所示。

这里应注意,利用"法向"标注的表面粗糙度符号是垂直于零件表面的,它们根据所注表面的方向分别朝向上、下、左或右。为使其表示值的数字能做相应的旋转,应将绘图环境变量"sym_ flip_ rotated_ text"值设置为"yes"。

图 14-241 标注粗糙度符号

3)修改表面粗糙度。在 ▶ (选取)状态下,选取欲修改的表面粗糙度符号,按 < Delete > 键,可将其删除。或者右击,弹出浮动菜单,若选择其中的"Delete"选项,也可删除该表面粗糙度符号;若选择"属性"选项,弹出"表面光洁度"对话框,可利用其中的"高度"选项修改符号的高度,利用"从属关系"选项改变其标注的位置,利用"可变文本"选项修改表面粗糙度值。

(4)标注几何公差 用户可以在零件设计模块中的三维模型中标注零件的几何公差,然后利用与显示模型尺寸和轴线的相同方法在工程图中显示几何公差。这里主要介绍在工程图中标注几何公差的方法。

在工程图中标注几何公差是利用菜单栏命令"插入"→"几何公差",通过图 14-242 所示的"几何公差"对话框进行的。

图 14-242　"几何公差"对话框

1）"几何公差"对话框。如图 14-242 所示，对话框的左侧列出了 14 种几何公差符号，可在其中选择用以指定几何公差的类型。对话框有五个选项卡标签，各选项卡的功能如下：

● "模型参照"选项卡。"选取模型"按钮用于选择欲标注几何公差的模型；"选取图元"按钮用于选择标注几何公差的被测要素，其中的"参照类型"用于选择被测要素的参照类型；"放置几何公差"按钮用于选择几何公差的标注位置，其中的"放置类型"下拉列表用于选择几何公差的放置类型。

● "基准参照"选项卡。单击该选项卡标签，对话框切换为"基准参照"选项卡的内容，用于指定几何公差的基准要素及其材料状态。

● "公差值"选项卡。单击该选项卡标签，对话框切换为"公差值"选项卡的内容，用于指定公差值及其材料状态。

● "符号"选项卡。单击该选项卡标签，对话框切换为"符号"选项卡的内容，用于在几何公差中显示附加符号。

● "附加文本"选项卡。用于添加附加文本和文本符号。

2）设置几何公差的基准。可以创建几何公差的基准，也可将已有的基准面或轴修改成为几何公差的基准。

① 创建基准面。选择菜单栏命令"插入"→"模型基准"→"平面"或 ▱ ，弹出图 14-243 所示的"基准"对话框。

在"名称"文本框中输入基准面的名称，在"类型"选项区中选择 ▭-A-▭ 按钮选项。

在"定义"选项区中，若使用"在曲面上"按钮选项，在模型中直接选取某平面来创建基准面；若使用"定义"按钮选项，将弹出图 14-244 所示的选项菜单，可利用该菜单选项创建基准面。

"放置"选项区中的选项用于选择基准放置类型。

对话框中的"新建"按钮用于创建另一个基准面。单击"确定"按钮完成基准面的创建，图中显示基准面符号。

② 创建基准轴。选择菜单栏命令"插入"→"基准"→"轴"或 ╱ ，弹出与图14-243所示"基准"对话框类似的"轴"对话框，使用与之类似的方法进行操作。

③ 将已有的基准面或轴修改成为几何公差基准。

图 14-243　"基准"对话框

图 14-244　创建基准面选项菜单

在 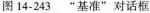（选取）状态下，选取基准面或轴，右击，在弹出的浮动菜单中选择"属性"选项，弹出图 14-243 所示的对话框。将"类型"栏位中的 A 按钮选项改为 A◄ 按钮选项，单击"确定"按钮完成操作。

3）标注几何公差示例。如图 14-245 所示，以零件"prt_1. prt"的基准面 A 为基准，在其顶面上标注如图所示的平行度公差；在零件"prt_2. prt"的圆柱面上标注如图所示的同轴度公差。

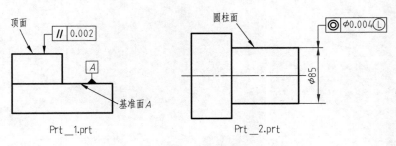

图 14-245　标注几何公差

① 设置平行度基准面 A。选择菜单栏命令"插入"→"基准"→"平面"或 ▱，弹出"基准"对话框（参考图 14-243）；在"名称"文本框中输入基准面名称 A；在"类型"选项区中选择 A◄ ；单击"定义"选项区中的"在曲面上"按钮，然后选取零件"prt_ 1. prt"，再选取其上的基准面 A；单击"确定"完成操作，基准面 A 上便标注出基准面符号，如图 14-245 所示。

② 在零件"prt_1. prt"顶面上标注平行度公差。选择菜单栏命令"插入"→"几何公差"，弹出"几何公差"对话框；选择平行度符号 ∥，在"模型"下拉列表框中选择"prt_1. prt"；在"参照类型"下拉列表框中选择"曲面"，然后选取"prt_1. prt"的顶面；

在"放置"下拉列表框中选择"法向引线"，然后选取"prt_1. prt"的顶面作为指引线引出的位置，再指定平行度公差符号的放置位置；单击"公差值"选项卡标签，在该选项卡中输入公差值 0.002；单击"基准参照"选项卡标签，然后从"基本"下拉列表框中选取 A 作为基准面。至此便完成了平行度公差的标注，结果如图 14-245 所示。

③ 在零件"prt_2. prt"圆柱面上标注同轴度公差。在对话框中单击"新几何公差"按钮，标注另一个几何公差。选择同轴度符号 ◎ ，在"模型"下拉列表框中选择"prt_2. prt"；单击"选取图元"按钮，选取圆柱面；单击"放置几何公差"按钮，选取图 14-245 所示的指引线引出的位置，再指定同轴度公差符号的放置位置；单击"公差值"选项卡标签，在该选项卡中输入公差值 0.004，并在"材料条件"下拉列表框中选择"LMC"（最小材料状态）；单击"符号"选项卡标签，在该选项卡中勾选"⌀直径符号"选项；单击"确定"完成操作，标注结果如图 14-245 所示。

4）修改几何公差。在 ▸ （选取）状态下，选取几何公差符号，可拖动其移动位置；右击则弹出浮动菜单，选择"删除"选项，可将其删除；选择"属性"选项，弹出图 14-242 所示的"几何公差"对话框。利用该对话框可以修改几何公差符号、公差值等各项内容。

第 15 章　SolidWorks 2012 简介

SolidWorks 是由美国达索公司设计推出，近年来在机械产品三维造型设计中最受欢迎的软件之一。它是一款基于特征的参数化实体建模工具，最大特点是上手容易、兼容性好。下面以 SolidWorks 2012 版本为基础，介绍机械图样实体建模的基本思路和步骤。

15.1　SolidWorks 2012 介绍

1. SolidWorks 2012 主界面介绍

安装 SolidWorks 2012 后，在 Windows 的操作环境下，选择"开始"→"所有程序"→"SolidWorks 2012"→"SolidWorks 2012"命令；或者在桌面双击 SolidWorks 2012 的快捷方式图标，就可以启动 SolidWorks 2012 程序；也可以直接双击打开已经建好的 SolidWorks 2012 文件，启动 SolidWorks 2012。启动后的 SolidWorks 2012 程序主界面如图 15-1 所示。由于 SolidWorks 2012 的系统界面、图标样式及功能等都与 Windows 系统完全兼容，如新建、打开、选项、帮助等，这就大大增加了该软件的易读性和易操作性。

需要指出的是，SolidWorks 2012 主界面右侧的"SolidWorks 资源"菜单中有很多快捷、方便的指导教程，按步骤讲解，有实例辅助说明，适合第一次接触该软件的用户学习。

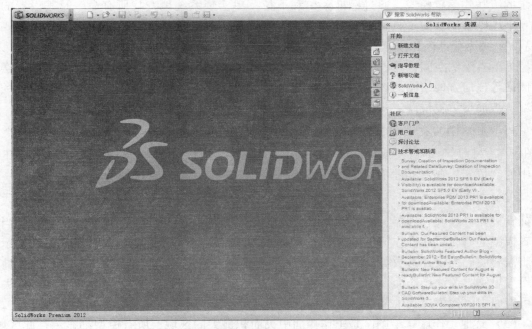

图 15-1　SolidWorks 2012 主界面

在 SolidWorks 2012 主界面中，通过"命令区"→"标准菜单"→"打开"命令，或"命令区"→"标准菜单"→"新建"命令，可以进入"SolidWorks 2012 工作界面"。此界面主要是进行实体建模的工作台，由五个独立的"工作区"和多组"命令菜单"组成，如图 15-2 所示。

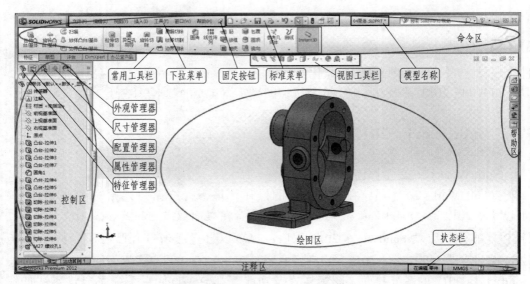

图 15-2　SolidWorks 2012 工作界面

（1）命令区　命令区是创建及修改实体模型的核心功能区，几乎所有的命令和操作都可以在这个区域中找到。SolidWorks 2012 的命令区由上、下两层的分立结构组成。上层采用传统的级联式菜单模式，通过标准菜单和下拉菜单实现系统地查找所有命令及其设置的功能；下层则采用快捷工具栏的点选方式，方便用户识别和选择。常用的快捷工具栏主要指"特征"快捷工具栏和"草图"快捷工具栏。

为节省绘图空间，可以用鼠标左键长按常用工具栏的空白处，将其变成活动窗口，摆放在侧面等任何方便绘图的区域。要想恢复原有设置，可用鼠标拖动"空白区"回到命令区中部，被捕捉后复位。

每个工具栏的右上角，通常都设有 📌 "固定"按钮。这是一个开关键，其作用类似"图钉"。"打开"即可使活动窗口变成固定，"关闭"则代表当前窗口变成浮动。其他工具条中的"固定"按钮也都有类似的功能。

（2）控制区　控制区的最上方有 🔧 📑 🔖 ✛ ● 五组"页面控制"按钮，分别代表特征管理器、属性管理器、配置管理器、尺寸管理器以及外观管理器。它们分类记录着当前编辑模型的所有以往操作信息；同时还可以实时地反映正在进行的命令操作的状态并提示下一步需要明确的设计参数等。用户在设计过程中应该实时地关注控制区状态，以便有效地整理设计思路。关注操作命令的属性状态，可以提示我们每步操作的驱动参数和造成操作失败的可能原因。建模过程中最常用到的是"特征管理器""属性管理器"和"尺寸管理器"。

（3）其他工作区　绘图区是工作界面中央面积最大的区域，所有模型都显示在此区域。绘图区由坐标原点、左下角的三重坐标轴和视图工具栏等组成。特别地，SolidWorks 2012 绘图区右上角的 ◁| |▷ 分别代表"向左平铺"和"向右平铺"，用于将多组模型在同一绘图

区内布局，以便参考和比对。绘图区下方是注释区，左下角显示当前 SolidWorks 的版本号；右下角是"状态栏"，显示草图绘制状态（欠定位、过定位等）、正在编辑的内容（零件、装配等），并可以显示草图绘制过程中光标移动位置的坐标等信息。

绘图区右侧的帮助区提示 SolidWorks 2012 相关的设计拓展信息，并提供在线帮助、本地及在线设计库、本地文件管理、视图、布局以及自定义属性等扩展功能。

2. SolidWorks 2012 基本操作

SolidWorks 2012 的基本操作包括对 SolidWorks 文件进行的新建、打开、保存、退出及删除等。

（1）建新文件　选择"命令区"→"标准菜单"→"文件"→"新建"命令，或单击"标准"工具栏中的按钮，弹出"新建 SolidWorks 文件"对话框，如图 15-3 所示。

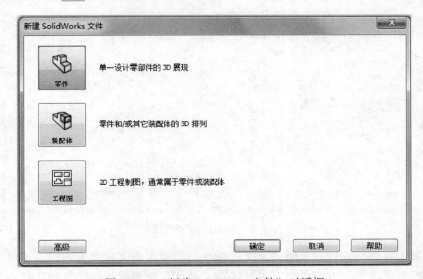

图 15-3　"新建 SolidWorks 文件"对话框

SolidWorks 2012 默认状态下提供三种文件类型：零件、装配体和工程图。

① 零件（Part）。扩展名为".sldprt"的 SolidWorks 文件，是组成 SolidWorks 装配图的独立单元。但这里的零件不一定是实际意义上的零件，只是几何结构上的理想实体，没有公差、精度等信息，也缺乏实际的加工信息。但通过参数化的实体建模，应用拉伸、旋转、放样等特征操作，以及借助分析、仿真甚至 CAM 等插件的功能拓展，则可以直接指导生产过程。因此，要求零件的建模过程一定要符合生产、加工的实际需要，不能只为造型而建模。

② 装配体（Assembly）。扩展名为".sldasm"的 SolidWorks 文件。在 SolidWorks 2012 中可以通过自上而下和自下而上两种方式组建一个装配体。与零件建模相比，装配体建模过程更侧重考查装配组件间相互连接或配合等约束关系的建立过程。而生成的装配体模型，则多用来进行运动分析、干涉检查或运动仿真等。

③ 工程图（Drawing）。扩展名为".slddrw"的 SolidWorks 文件，用来生成规范的机械工程图样。当前的很多情况下，用以指导制造、生产实践的技术文件仍是二维的工程图。因此，一方面要求由三维模型生成的工程图符合国标规范、信息详尽；另一方面，还要求三维模型转化为工程图的过程同步、准确。默认情况下，利用 SolidWorks 2012 生成的工程图和

三维模型仍保持着关联，即零件图与相应工程图中任意形状或尺寸的变化都可以引起相应模型对应位置数据的变化。

（2）保存文件　首次新建文件时，选择"命令区"→"标准菜单"→"文件"→"保存"命令，或单击"标准"快捷工具栏中的按钮 ，弹出"另存为"对话框，如图15-4所示。

图15-4　"另存为"对话框

建议在新建零件文件后，及时确定文件保存位置并更改文件名，以保证零件可以及时被找到并有明确意义。另一方面，由于SolidWorks文件是全参数化设计，默认保存装配体内部零件之间的参考及关联。如果零件在被外部引用后修改文件名称或改变存储位置，都有可能导致相关建模的错误。

"另存为"命令还可用来修改文件的保存类型，或改变其外部参考状态等。如图15-4所示，选择"保存类型（T）"下拉菜单→其他文件类型，可实现SolidWorks 2012与其他软件的兼容。

在SolidWorks 2012建模过程中，直接单击 按钮可实现对更新模型的保存。

（3）打开文件　打开一个已存在的文件。选择"命令区"→"标准菜单"→"文件"→"打开"命令，或单击"标准"快捷工具栏中的 按钮，弹出图15-5所示的"打开"对话框，然后指定目录、文件类型、文件名等信息，单击"打开"按钮，即可打开选定的文件。

查找文件过程中，用户可在右侧窗口预览选中文件的缩略图。如果文件夹中模型很多，用户还可以利用"文件类型（T）"选项限定待查文件类型的范围。每次"打开"命令的默认位置为上次结束SolidWorks操作时的文件夹。

（4）关闭或删除文件　关闭当前SolidWorks文件，可以单击绘图区右上角的 按钮。

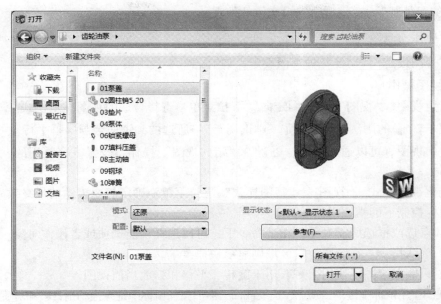

图 15-5 "打开"对话框

这种操作只是结束一个文件而不影响其他打开的文件，也不退出 SolidWorks 2012 程序。要关闭所有文件，可以单击命令区右上角的 ⊠ 图标。

删除 SolidWorks 文件的操作很简单，只需找到保存该文件所在的文件夹并直接删除即可。注意，如果要删除的文件涉及外部参考，则需要慎重删除，否则会造成其他相关文件的建模错误。

3. SolidWorks 2012 视角控制

在三维实体建模设计中，为了使用户方便地在计算机屏幕上以不同的视角和显示方式来考察实体，SolidWorks 2012 提供了多种视图操作命令，包括显示方式、平移、旋转等，也可以插入不同断面位置，以便显示内部细节。

（1）"视图"快捷工具栏 SolidWorks 系统提供的"视图"快捷工具栏按钮，如图 15-6 所示。

各按钮的基本功能介绍如下：

 "整平显示全图"：缩放模型以实现窗口套合。

图 15-6 "视图"快捷工具栏按钮

 "局部放大"：以边界框放大到用户所选择的区域。

 "上一视图"：显示上一视图。

 "剖面视图"：使用一个或多个横断面基准面显示零件或装配体的剖面。

 "视图定向"：更改当前视图定向或视口数。

 "显示样式"：为活动视图更改显示样式。

 "隐藏/显示项目"：在图形区域中更改项目的显示状态。

● "编辑外观"：在模型中编辑实体的外观。

● "应用布景"：给模型应用特定布景。

● "视图设定"：切换各种视图设定，如 RealView、阴影、环境封闭及透视图。

（2）视图操作

1）指定视图。"视图"→"视图定向"下拉菜单→选择合适的视图显示模式。

"正视于" ↥ 的用法："考察面"→"正视于"→所选的参考面会与屏幕平行。

2）定向视图。可以通过新建、更新等"定向视图"操作，设置一个常用的、合适的视图显示方向。

3）变化视图样式。"视图"→"视图样式"下拉菜单→确定想要表达的最终效果。

4）鼠标控制下的视图操作。

左键：点选或框选所需对象；在某命令下，可以选择功能选项或者操作对象。

右键：确认指令，在绘图空白区域则显示快捷菜单。

中键：只能在绘图区使用，一般用于旋转、平移和缩放当前视图。

旋转视图：用鼠标中键单击顶点、边线或面，然后按住鼠标中键并拖动指针，即可旋转视图。

平移视图：按住 < Ctrl > 键，然后用鼠标中键拖动。注意，在活动工程图中，不需要按住 < Ctrl > 键。

缩放视图：首先将鼠标放到需要缩放的中心位置，前后滚动滚轮。注意，在滚动滚轮的过程中，必须将指针放在要缩放的区域上。

按住 < Shift > 键，重复上述动作，可以实现平动地缩放。

15.2 二维几何图形绘制及基本立体生成

草图绘制是 SolidWorks 三维实体创建的基础。它的作用相当于三维实体在某方向上的投影，是平面图形。借助这个投影，用户可以进行垂直方向的直线拉伸、切除等操作，进而生成三维实体；如果令这个投影随着某条给定复杂曲线移动，将生成不规则实体，这就是放样、扫描等；将这个投影沿某轴线旋转，可生成相应的回转体。可见利用 SolidWorks 进行三维建模的过程，和工程图样的投影过程正好相反。因此，要得到理想的三维实体，必须有系统的投影理论知识作为基础。具体地说，就是要从生成一张规范的平面草图开始。

1. 草图绘制环境

工程上，为获得准确的平面投影图，需要将立体放置到三面投影体系中进行三个方向的正面投射。通常每个平面草图（投影）都是由若干个封闭线框组成的。在 SolidWorks 2012 中，三面投影体系的概念得以继承，首次进入草图编辑命令状态时，可以清晰地看到三个投影面的相对位置关系。要表达一个立体的投影，必须指明投影面。同样，要绘制出一个三维实体，必须首先指定草图所在的投影面——草图平面。打开一张草图后，便进入图 15-7 所示的草图绘制环境中。

2. "草图"快捷工具栏介绍

"草图"快捷工具栏中的按钮提供了绝大部分完成一张草图所需的绘图命令，其中包括绘图、图形修改与编辑等命令，具体内容如图 15-8 所示。

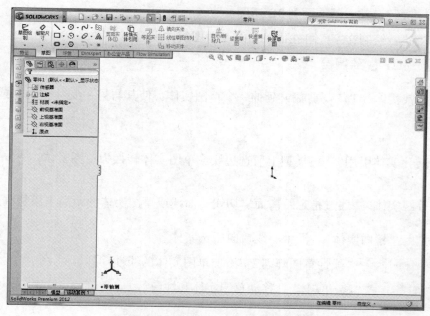

图 15-7　SolidWorks 2012 草图绘制环境

图 15-8　"草图"快捷工具栏

各按钮的基本功能介绍如下：

"草图绘制"：绘制新草图，或编辑现有草图。

"智能尺寸（D)"：为一个或多个所选实体生成尺寸。

"直线（L)"：绘制直线和中心线。

"边角矩形"：绘制一个矩形。

"直槽口"：绘制直槽口。

"圆（R)"：绘制圆。选择圆心然后拖动圆，设定其半径。

"圆心/起/终点圆弧（T)"：绘制中心点圆弧。

"多边形"：绘制多边形。用户在绘制多边形后也可更改边侧数。

"样条曲线（S)"：绘制样条曲线。通过单击来添加形成曲线的样条曲线点。

"椭圆（L)"：绘制一个完整椭圆。选择椭圆中心，然后拖动椭圆，以设定长轴和短轴。

"绘制圆角"：在交叉点切圆两个草图实体之角，从而生成切线弧。

"基准面"：插入基准面到 3D 草图。

"文字"：绘制文字。可在面、边线及草图实体上绘制文字。

"点（O)"：绘制点。

"剪裁实体（T)"：剪裁或延伸一个草图实体，使其与另一实体重合，或删除一个草图实体。

"转化实体引用"：将模型上所选边线或草图实体转换为草图实体。

"等距实体"：通过指定距离面、切线、曲线或草图实体的距离来添加草图实体。

镜向实体 "镜向实体"：沿中心线镜向所选实体。

线性草图阵列 "线性草图阵列"：添加草图实体的线性阵列。

移动实体 "移动实体"：移动草图实体和注解。

"显示/删除几何关系"：显示和删除几何关系。

"修复草图"：修复所选草图。

"快速捕捉"：快速捕捉过滤器。

"快速草图"：允许 2D 草图基准面动态更改。

　　绘制草图可以通过在命令区菜单中选取相应的绘图命令来实现。但实际应用时通常是使用"草图"快捷工具栏中的命令按钮进行操作的。用户利用 SolidWorks 2012 "草图"工具可以生成非常复杂的工程草图，但在实际应用中的草图并不是越复杂越详尽越好，而是要结合零件的结构特征，用最有效的草图形式进行描述。通常要求每个草图都由单一的、封闭的线框组成。

　　下面，通过两组典型零件的建模过程，来分析如何设计和绘制合理的草图。

3. 草图绘制范例 1——回转轴

【例 15-1】　绘制图 15-9 所示的回转轴。

（1）分析　这是一个典型的轴类零件，其结构特征是由许多直径不等的同心回转体组成。因此，可以设计一个主要草图，将不同直径、长度的轴段信息表述在一张草图上，通过沿轴线的回转特征来生成这个零件。另外，轴类零件通常要求轴线水平摆放。因此，可将主要草图放置在前视基准面上。

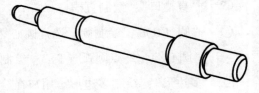

图 15-9　回转轴

（2）绘图步骤

1）激活"草图"快捷工具栏→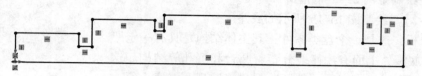，启动"绘制草图"命令。

2）选择"前视基准面"作为草图平面。

3）绘制草图。如图 15-10 所示，按照轴上各段比例和轴径等特征，近似绘制一个完整、单一的封闭草图。整理草图结构，注意草图上的水平或竖直等关系是否自动添加正确。

图 15-10　回转轴基础草图

4）添加尺寸约束。"草图"快捷工具栏→ 智能尺寸 ，启动"智能尺寸"命令，为当前草图添加图 15-11 所示的尺寸约束。

注意，添加尺寸约束时要从小尺寸开始，尽量保持原有草图上线条的相对位置关系大体不变。

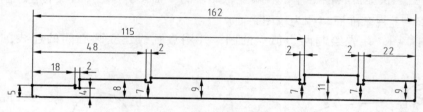

图 15-11　为回转轴基础草图添加尺寸约束

5）画端面倒角。"草图"快捷工具栏→ ⊕ 下拉菜单→ ＼ 绘制倒角 ，打开"绘制倒角"对话框，如图 15-12 所示，设置倒角参数如下：

在"倒角参数（P）"选项区中选择"距离-距离（D）"单选按钮和"相等距离（E）"复选框，并将"深度" 设为 2mm。

完成后单击左上角 ✓ 按钮，确定此特征。

用鼠标为草图左、右两端面添加倒角，如图 15-13 所示。

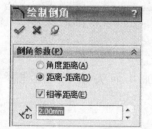

图 15-12　"绘制倒角"对话框

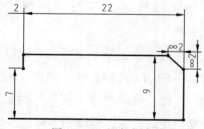

图 15-13　添加倒角

单击绘图区右上角的 按钮，完成草图绘制。

6）"特征"快捷工具栏→ ，启动"旋转凸台/基体"特征命令，弹出"旋转"特征参数设置对话框，按照图 15-14 所示的参数进行设置：

"旋转轴（A）"→轴线所在的水平直线作为旋转轴；"方向1"方向 →"给定深度"；"角度" 设为 360。

单击 按钮，完成操作，最终生成图 15-9 所示的回转轴。

4. 草图绘制范例 2——底座

【例 15-2】 绘制图 15-15 所示的底座。

（1）分析 这是一个盘类零件，其主体结构是具有一定厚度和形状的底板，上面有规律地分布着凸台和沉孔等结构。这类零件通常需要通过多次的"特征"操作来实现。注意，每一次的草图最好只面向一个封闭线框进行，切忌一张草图中出现多个或交叉的封闭线框。

图 15-14 "旋转"特征参数
设置对话框

（2）绘图步骤

1）画主体结构。

① "草图"快捷工具栏→ ，启动"绘制草图"命令。

② 选择"上视基准面"作为草图平面。

③ 绘制草图。首先绘制两个孤立的圆，并用点画线建立圆心间的连线，如图 15-16所示。

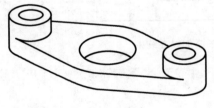

图 15-15 底座

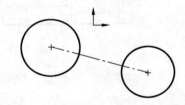

图 15-16 草图孤立圆

④ 添加"几何约束"。启动"添加几何关系"命令有以下两种方式：

a. 按住 < Ctrl > 键，分别选中点画线和原点，控制区自动弹出"添加几何关系"对话框。

b. 也可以通过"草图"快捷工具栏→ 下拉菜单→ 添加几何关系，启动该命令。

选取 中点(M)，单击 按钮，确定添加中点约束。

用同样的方法选择两个圆弧，控制区自动弹出"添加几何关系"对话框，单击 相等(Q) 按钮，确定添加"相等"约束。

重复上述的方法，继续给点画线添加"水平"约束。

⑤ 添加尺寸约束。"草图"快捷工具栏→ ，启动"智能尺寸"命令，为当前草图添加图 15-17 所示的尺寸。

⑥ 重复上述方法，继续绘制中心圆和切线，通过添加几何约束和尺寸约束得到图15-18所示的草图。

⑦ 修整草图。"草图"快捷工具栏→⬚，启动"剪裁实体"命令。

按住鼠标左键，将鼠标拖到不需要的边线处将其截断。注意，不要删除其他有用的边线，最终只留下一条完整的封闭线框，如图 15-19 所示。

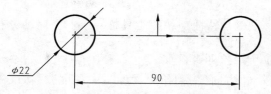

图 15-17　为孤立圆添加尺寸约束

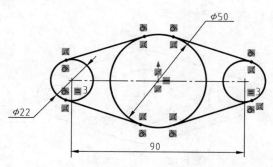

图 15-18　底座主体结构的基础草图

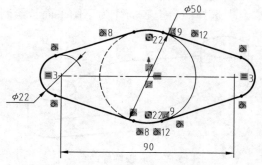

图 15-19　剪裁基础草图

⑧ 完成草图。查看草图状态，只有完全定义的草图才会显示成黑色，如图 15-19 所示。如果草图修整完成，单击绘图区域右上角的 ⬚ 按钮，完成草图绘制。

⑨ "特征"快捷工具栏→⬚，启动"拉伸"特征命令，在弹出的"参数设置"对话框中进行如下设置：

"方向1"→"给定深度"；"深度" ⬚ 设为 10mm。

单击 ✓ 按钮，确定此特征，如图 15-20 所示。

2）画两侧凸台。

① 选择主体结构上表面作为草图平面，启动"草图绘制"命令。

② 绘制草图。"草图"快捷工具栏→⬚ ▾，将鼠标移至左侧圆弧圆心附近，当鼠标变成 ⬚ 时，开始画圆。这时所画的圆与端面圆弧同心。

按住 <Ctrl> 键，选择左端圆弧与刚画的圆，添加"全等"约束 ◯ 全等(R)。

用相同的方法在另一端也画同样的圆弧，得到图 15-21 所示的草图。

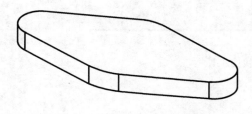

图 15-20　底座主体结构

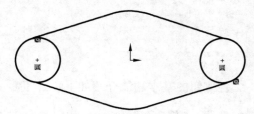

图 15-21　两侧凸台草图

注意：这里的草图是由两个孤立的线框组成的，不能相交。

③"特征"快捷工具栏→ 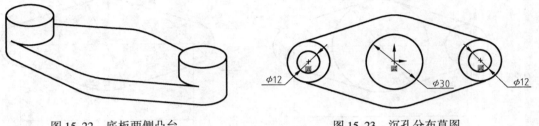 ，启动"拉伸"特征命令，在弹出的"参数设置"对话框中进行如下设置：

"方向1"→"给定深度"；"深度" 设为10mm。

单击 ✔ 按钮，确定此特征，如图15-22所示。

3）绘制沉孔。

① 选择凸台上表面作为草图平面，绘制图15-23所示的草图。

图15-22　底板两侧凸台　　　　　　　图15-23　沉孔分布草图

② "特征"快捷工具栏→ ，启动"拉伸切除"特征命令。

"方向1"→"完全贯穿"。

单击 ✔ 按钮，确定此特征，完成全图，如图15-15所示。

15.3　零件设计

创建零件实体模型的过程就是将投影"草图"与路径"特征"相结合，构造三维实体的过程。这一点从上一节草图绘制的范例中已经体现出来。但实体和草图之间的对应关系仅靠"拉伸"和"切除"等简单形式是远远不够的。为适应工程零件结构的多变性和复杂性，需要设计更多的特征命令来帮助草图生成零件实体。

1. "特征"快捷工具栏介绍

SolidWorks 2012中的"特征"快捷工具栏如图15-24所示。

图15-24　"特征"快捷工具栏

各按钮的基本功能介绍如下：

"拉伸凸台/基体"：以一个或两个方向拉伸一个草图或绘制的草图轮廓来生成实体。

"旋转凸台/基体"：绕轴线旋转一个草图或所选草图轮廓来生成实体特征。

　　⚙ 扫描　"扫描"：通过沿开环或闭合路径扫描闭合轮廓来生成实体特征。

　　🔔 放样凸台/基体　"放样凸台/基体"：在两个或多个轮廓之间添加材质来生成实体特征。

　　📷 边界凸台/基体　"边界凸台/基体"：以双向在轮廓之间添加材料以生成实体特征。

　　🔲 拉伸切除　"拉伸切除"：以一个或两个方向拉伸所绘制的轮廓来切除一个实体模型。

　　🔧 异型孔向导　"异型孔向导"：用预先定义的剖面插入孔。

　　📷 扫描切除　"扫描切除"：通过沿开环或闭合路径扫描闭合轮廓来切除实体模型。

　　📷 放样切割　"放样切割"：在两个或多个轮廓之间通过移除材质来切除实体模型。

　　📷 边界切除　"边界切除"：以双向在轮廓之间移除材料来切除实体模型。

　　📷 "圆角"：沿实体或曲面特征中的一条或多条边线来生成圆形内部面或外部面。

　　🔷 "倒角"：沿边线、一串切边或顶点生成一条倾斜的边线。

　　📶 线性阵列　"线性阵列"：以一个或两个线性方向阵列特征、面及实体。

　　🔗 "圆周阵列"：绕圆心阵列特征、面及实体。

　　📐 筋　"筋"：给实体添加薄壁支撑。

　　📷 拔模　"拔模"：使用中性面或分型线按指定的角度削尖模型面。

　　📦 抽壳　"抽壳"：从实体移除材料以生成一个薄壁特征。

　　📷 包覆　"包覆"：将草图轮廓闭合到面上。

　　📷 圆顶　"圆顶"：添加一个或多个圆顶到所选平面或非平面。

　　📷 镜像　"镜像"：绕面或基准面镜像特征、面及实体。

　　📷 "Instant3D"：启用拖动控标、尺寸及草图来动态修改特征。

　　另一方面，不管用来造型的特征工具如何多变，通常情况下，SolidWorks 2012 实体建模过程总是包含以下三个步骤：①选择基准面；②在基准面上绘制草图；③基于草图应用特征来生成实体。

　　下面通过两个真实零件的建模实例来说明特征建模的过程。

2. 零件设计范例 1——填料压盖

【例 15-3】　根据图 15-25 所示的填料压盖工程图，构造该零件的三维模型。

　　（1）分析　填料压盖属于轴套类零件，其中有几处典型的机械结构，如六角头结构及螺纹结构等。因此，实体建模过程也可以分为三步进行：①主体结构主要通过"旋转"特征实现；②六角头结构的端面做正六边形拉伸，再通过"旋转切除"命令生成倒角结构；③螺纹结构的生成。

　　（2）绘图步骤

　　1）创建文件。

　　① 单击 📄 按钮，在弹出的对话框中单击 📷 按钮，创建一个新的 SolidWorks 零件。单击命令区中的 💾 按钮，弹出"另存为"对话框，如图 15-26 所示。

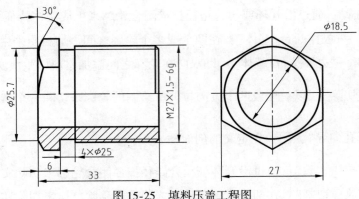

图 15-25　填料压盖工程图

图 15-26　"另存为"对话框

　　② 修改"文件名（N）"为"填料压盖"将文件保存到预先设定好的硬盘及文件夹内。注意，文件一旦保存尽量不要更换文件夹名称和文件名称。因此，要事先确定好有明确含义的保存地址。例如将文件夹命名为"齿轮油泵"，用来保存一切与齿轮油泵子部件相关的零件文件。

　　③ 单击 保存(S) 按钮。

　　2）创建主体结构。

　　① 选择"右视基准面"作为草图平面，绘制图 15-27 所示的草图。

　　② "特征"快捷工具栏→旋转凸台/基体，在弹出的参数设置对话框（图 15-28a）中进行如下设置：

"旋转轴"→点选长度 33mm 的直线作为旋转轴；"方向1"→"给定深度"，角度设置成 360°。
单击鼠标中键，调整视图显示效果，结果如图 15-28b 所示。

单击 ✔ 按钮，完成"旋转"操作。

　　3）创建六角头结构。

　　① 创建正六边形柱体。

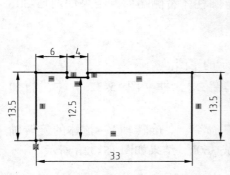

图 15-27　填料压盖主体结构草图

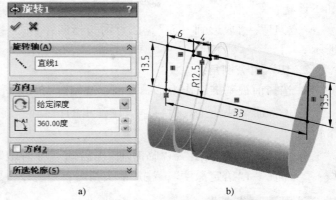

图 15-28　填料压盖主体结构

a. 选择图 15-28b 所示的左侧端面作为草图平面，启动草图绘制命令。

b. 绘制草图。

"草图"快捷工具栏→单击 ⊕ 按钮，启动"多边形"命令。单击圆心，拖动鼠标绘制内切圆。参数中，设置多边形的边数为 6；单击左上角 ✔ 按钮，完成操作。

按住 < Ctrl > 键，用鼠标点取六边形的内切圆和端面圆，控制区弹出"属性"对话框，在图 15-29a 所示的"添加几何关系"选项区中选取 ◯ 全等(R)。

"草图"快捷工具栏→"直线"→"中心线"。

连接六边形圆心和其中一个端点，将这条辅助线设置成"水平"，此时草图已完全定义，变成黑色，如图 15-29b 所示。单击右上角 ↻ 按钮，完成草图绘制。

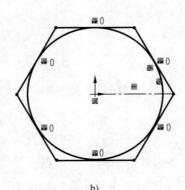

a)　　　　　　　　　　　　　　b)

图 15-29　绘制六角头结构草图

c. "特征"快捷工具栏→ 拉伸凸台/基体，在弹出的"凸台-拉伸 1"对话框（图 15-30a）中进行如下设置；

"方向1"→"成形到一面"，注意箭头指向；"面"→圆柱体右侧端面。结果如图15-30b所示。

② 切六角头倒角。

a. 选择前视基准面作为草图平面，绘制图15-31所示的草图。

b. "特征"快捷工具栏→🔲，在弹出的"切除-旋转"对话框（图15-32a）中进行如下设置：

命令区菜单→"视图"→"临时轴"，启动"临时轴"命令；"旋转轴"→整体的旋转轴线；"方向1"→"给定深度"，注意箭头指向；角度设置成360°。结果如图15-32b所示。

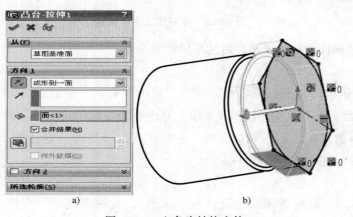

a)　　　　　　　　b)

图15-30　六角头结构实体

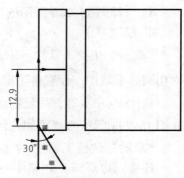

图15-31　六角头倒角草图

4）创建中心孔。

① 选择上图的左端面作为草图平面，绘制图15-33右端面上的草图。

② "特征"快捷工具栏→🔲。

"方向1"→"完全贯穿"，单击 ✔ 按钮。按住鼠标中键，调整视图显示，得到图15-33所示的结果。

5）创建外螺纹。

① 创建基准面。

"草图"快捷工具栏→🔲→◇ 基准面，如图15-34a所示。

打开"临时轴"显示。

"第一参考"→点选零件中心轴。

"第二参考"→点选六边形的一个顶点。

单击左上角 ✔ 按钮，创建基准面，如图15-34b所示。

② 生成螺旋线。

a. 选择圆柱体下底面作为草图平面，启动"草图绘制"命令。

b. 绘制一个与外圆重合的圆，如图15-35所示。单击 🔲 按钮，完成螺旋线草图。

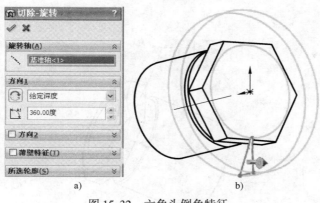

图 15-32　六角头倒角特征

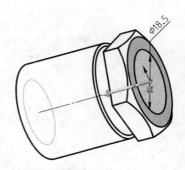

图 15-33　创建中心孔

图 15-34　创建"基准面"

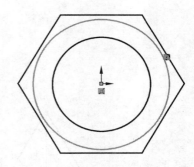

图 15-35　螺旋线草图

c. "特征"快捷工具栏→ 曲线 → 螺旋线/涡状线 ，设置螺旋线属性，如图 15-36a 所示，参数设置如下：

"定义方式"→"高度和螺距"；"参数"→"恒定螺距"；"高度"设为 23mm；"螺距"设为 1.5mm；"起始角度"设为 180°。

单击 按钮，生成螺旋线，如图 15-36b 所示。

③ 生成螺纹。

a. 选择新建基准面作为草图平面，绘制图 15-37 所示的边长为 1.4mm 的正三角形草图，完成螺纹牙型草图。

b. "特征"快捷工具栏→ 扫描切除 ，如图 15-38a 所示，参数设置如下：

"轮廓"→选择图 15-37 所示的草图；"路径"→选择图 15-36b 所示的螺旋线；"选项(O)"→"方向/扭转控制(I)"→"随路径变化"；"选项(O)"→"路径对齐类型(L)"→"无"；勾选"与结束端面对齐"复选框；"起始处/结束处相切(T)"→两项都选"路径相切"。

生成的螺纹如图 15-38 所示。

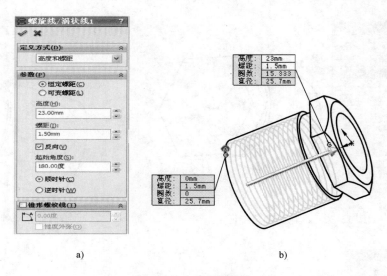

a)   b)

图 15-36　生成螺旋线

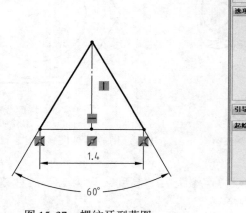

图 15-37　螺纹牙型草图

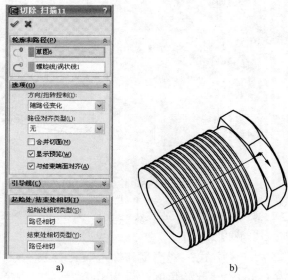

a)   b)

图 15-38　螺纹结构

6）切除倒角。

① 选择前视基准面作为草图平面，在底部画一个边长为 2mm 的等腰直角三角形作为草图，如图 15-39a 所示。

② "特征" 快捷工具栏→ 旋转切除 。

命令区菜单→"视图"→"临时轴"，启动 "临时轴" 命令。在图 15-39b 中设置如下：
"旋转轴"→选择主体对称中心轴；"方向1"→"给定深度"（注意箭头指向），角度设置成 360；"特征范围（F）"→"所选实体（S）"→选择上一步扫描切除的内容。单击左上角 ✓ 按钮完成操作，最终结果如图 15-40 所示。

· **140** ·

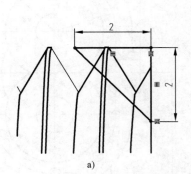

a)   b)

图 15-39 切除倒角

3. 零件设计范例 2——泵体

【例 15-4】 根据图 15-41 所示的"泵体"工程图，构造该零件的三维模型。

（1）分析 齿轮油泵的泵体是一个典型的箱体类零件。构造其三维模型前需要考察工作结构、相对位置结构以及安装定位等不同的结构特征。工作部分主要以"右视基准面"作为主要草图平面；上下沉孔相对位置关系及内部结构细节则主要通过"前视基准面"表达；对于泵体零件与其他零件间的连接及定位关系，则主要通过底板结构加以表达。

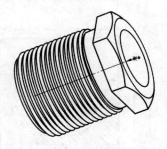

图 15-40 填料压盖效果图

（2）绘图步骤

1）创建文件。与上例中填料压盖的文件新建方式类似，单击 ⬜→🖊，创建 SolidWorks 零件。在命令区单击 💾 ▾按钮，在"另存为"对话框中修改"文件名（N）"为"泵体"，单击 保存(S) 按钮。

单击选择文件夹位置，当前文件保存到预先设定好的"齿轮油泵"文件夹下。

2）创建泵体主体结构。

① 绘制"主体结构"基本外形。

a. 选择右视基准面作为草图平面，绘制图 15-42 所示的草图。

b. "特征"快捷工具栏→📦，设定参数如图 15-43a 所示。

"方向1"→"给定深度"设为 35mm，单击 ✔ 按钮，得到图 15-43b 所示的结果。

② 挖除葫芦形齿轮箱内孔。

a. 选择主体结构的前端面作为草图平面，绘制图 15-44 所示的草图。

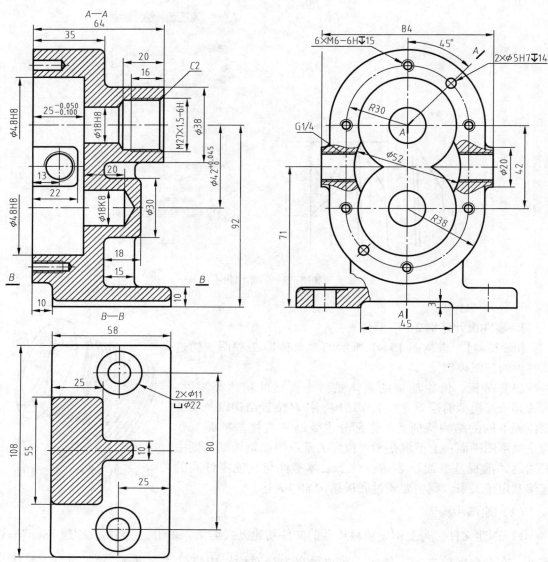

图 15-41　泵体的三视图

b. "特征"快捷工具栏→ ![拉伸切除] ，在弹出的参数设置对话框中进行如下设置：

"方向1"→"给定深度"设为 25mm，单击 ✓ 按钮，挖切内腔。

③ 挖切进、出油孔。

a. 选择图 15-44 所示的前端面"作为草图平面，绘制图 15-45 所示的草图。

b. "特征"快捷工具栏→ ![拉伸切除] ，进行参数设置如下：

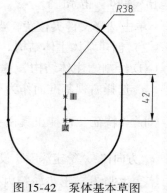

图 15-42　泵体基本草图

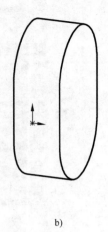

a)　　　　　　　　b)

图 15-43　工作部分的基本外形

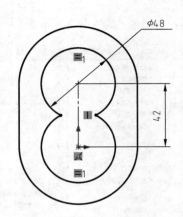

图 15-44　泵体工作部分内腔结构

"方向1"→"给定深度"设为 22mm，单击 ✔ 按钮，结果如图 15-46 所示。

3）创建安装部分。

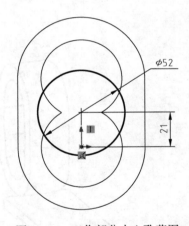

图 15-45　工作部分中心孔草图

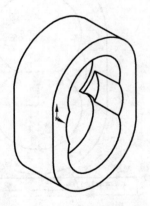

图 15-46　工作部分中心孔空腔

① 拉伸底板。

a. 命令区菜单→"插入"→⬛，启动"插入基准面"命令，如图 15-47 所示。
按照图 15-48a 所示参数进行基准面设置。

"第一参考"→主体结构前端面；"平行距离" ⬛ 设为 10mm，从预览位置观察基准面的位置。如果需要可以勾选"反转"选项 ☑反转，使得插入的基准面位于图示位置。单击 ✔ 按钮，完成设置新的基准面，如图 15-48b 所示。

b. 选择新建的草图基准面，绘制图 15-49 所示的草图。

c. "特征"快捷工具栏→⬛ 设置参数如下：

"方向1"→"给定深度"设为58mm，结果如图15-50所示。

图15-47　插入"基准面"命令

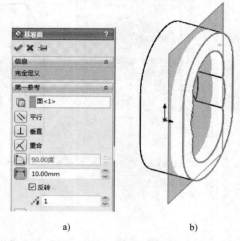

a)　　　　　　　　　b)

图15-48　创建新基准面

a）基准面设置　b）基准面效果

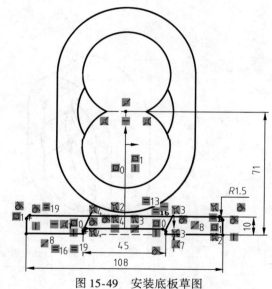

图15-49　安装底板草图

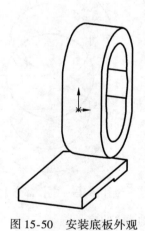

图15-50　安装底板外观

② 添加安装板沉孔。

a. 选择底板上端面作为草图平面，按照图15-51所示绘制草图。

b. "特征"快捷工具栏→ 拉伸切除 ，设置参数如下：

"方向1"→"终止条件"→ 下拉菜单→"完全贯穿"，单击 按钮完成命令。

c. 重复选取底板上端面作为草图平面，绘制两个直径为22mm的同心圆。

d. "特征"快捷工具栏→ 拉伸切除 ，设置参数如下：

"方向1"→"给定深度"设为2mm，单击 按钮，确定设置。

单击鼠标中键，调整视图显示，得到图 15-52 所示的结果。

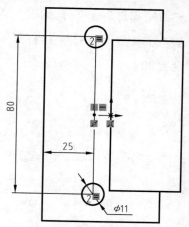

图 15-51　安装底板通孔草图

图 15-52　装底板外观

4）创建支撑部分

① 选择底板前端面作为草图平面，绘制图 15-53 所示的草图。

② "特征" 快捷工具栏→[拉伸凸台/基体]，设置参数如下：

"方向1"→"给定深度" 设为 25mm，单击 ✔ 按钮确认设置。

5）创建轴的支撑部分。

① 拉伸圆柱。

a. 选择前面 "2）创建泵体主体结构"→第②步挖空后的端面作为草图平面，绘制以主动轴中心为圆心，直径为 38mm 的圆形草图。

b. 启动 "拉伸" 特征命令，设置参数如下："方向1"→"终止条件"→[图标] 下拉菜单→"到指定面指定的距离"；[面<1>]→泵体的前端面；"等距距离" [图标] 设为 64mm，确认后得到主动轴支撑部分实体结构。

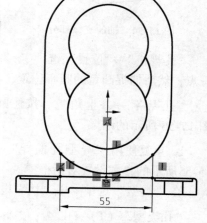

图 15-53　连接部分草图

c. 重复上述操作，生成从动轴处的支撑部分，基础圆直径为 30mm；距离泵体右侧竖直端面距离为 18mm，结果如图 15-54 所示。

② 切除主动轴孔及从动轴孔。应用 "切除" 指令，在主动轴支撑面回转中心生成主动轴孔，切除直径为 18mm，完全贯穿，获得主动轴支撑孔实体结构。

③ 利用 "异型孔向导" 命令添加螺纹孔。

a. "特征" 快捷工具栏→[异型孔向导]，启动 "异型孔向导" 命令，弹出图 15-55 所示的参数设置对话框。

"类型" 选项卡中，认真设置每一项内容："孔类型（T）"→直螺纹孔 [图标]；"标准"→

"GB"；"类型"→"底部螺纹孔"；"孔规格"→"M27 X2.0"；勾选"显示自定义大小（Z）"→"打开"→"底端角度" 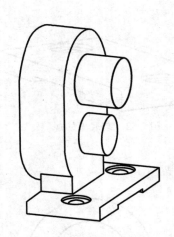 设为 120°；"终止条件（C）"→"给定深度"→"盲孔深度" 设为 20mm；"螺纹孔深度" 设为 16mm；"选项"→勾选"近端锥孔（S）"→"打开"→"锥形沉头孔宽度" 设为 28mm；"锥形沉头孔角度" 设为 90°。

图 15-54　轴的支撑部分　　　　　图 15-55　"主动轴螺纹孔"的设置

"孔规格"→"位置"选项卡，将鼠标移至绘图区的模型上，首先选择上侧凸台外端面上一点，然后捕捉凸台的圆心位置，确定螺纹孔的中心位置。

"孔规格"→左上角 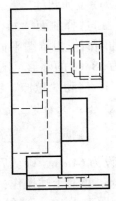，按住鼠标中键，调整视图显示，得到图 15-56 所示的结果。

b. 重复使用"异型孔向导"命令 加工从动轴孔。弹出图 15-55 所示的参数设置对话框。

在"类型"选项卡中，认真设置每一项内容：

"孔类型"（T）→孔 ；"标准"→"GB"。"类型"→钻孔；"孔规格"设为 φ18mm；

设置"终止条件（C）"→"给定深度"→"盲孔深度" 设为 20mm。

图 15-56　通孔及螺纹孔外观

单击"孔规格"中的"位置"选项卡标签，打开"位置"选项卡，将鼠标移至绘图区模型上，首先选择沉孔最深处所在平面上一点，然后捕捉下部圆弧面的圆心位置，确定螺纹孔的位置。

单击"孔规格"→左上角 按钮，按住鼠标中键，调整视图显示效果。

6）创建进、出油孔。

① 拉伸凸台。

a. 选择泵体基础结构侧面作为草图平面，绘制图 15-57 所示的草图。

b．"特征"快捷工具栏中，启动"拉伸凸台"命令，设置"方向1"→"给定深度"为4mm，得到油孔凸台实体结构。

镜像另一侧凸台："特征"快捷工具栏→ 🖼镜像 ，启动"镜像"命令，弹出图15-58a所示的对话框。"镜像面/基准面（M）"→ 🗂→"前视基准面"，单击 ✅ 按钮，得到图15-58b所示的结果。"要镜像的特征（F）"→ 🏠→上个拉伸凸台的特征，完成后单击左上角 ✅ 按钮，完成镜像命令，如图15-58b所示。

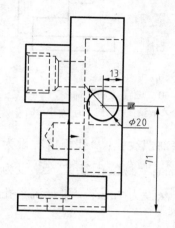

图 15-57　油口凸台草图

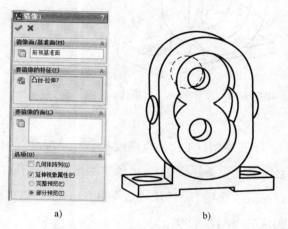

a)　　　　　　　　　b)

图 15-58　镜像参数设置及其效果

a）镜像设置　b）镜像效果

② 创建螺纹孔。启动"特征"快捷工具栏中的"异型孔向导"命令。在打开的参数设置对话框中。

核对"类型"选项卡中的设置："孔类型（T）"→直螺纹孔 🔲；"标准"→GB；"类型"→管螺纹孔；"孔规格"设为M18；"终止条件（C）"→"完全贯穿"。

单击"孔规格"→"位置"选项卡，用鼠标选取泵体侧面凸台平面，进而选取凸台圆弧圆心位置，完成螺纹中心位置的设置。

单击"孔规格"→左上角 ✅ 按钮，按住鼠标中键，调整视图显示，得到图15-59所示的结果。

7）创建加强筋。选择前视基准面，单击"特征"快捷工具栏→ 🔲筋 ，启动"筋"命令，弹出图15-60a所示的对话框，设置参数如下：

"厚度" ☰→"两侧对称"；"筋厚度" 🔧：10mm；"拉伸方向" 🔲→"平行于草图"；"反转材料方向（F）"→打开。

绘制图15-60b所示的草图，单击 ✅ 按钮完成"筋"命令。

按照同样的方法，完成下部加强筋的创建。

8）创建泵体前端面上的六个螺纹孔。

① 选择泵体外端面绘制图15-61所示的草图。

② 再次启动"特征"快捷工具栏中"异型孔向导"命令。

核对"类型"选项卡中的设置：

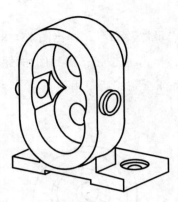

图 15-59　泵体的进、出油孔

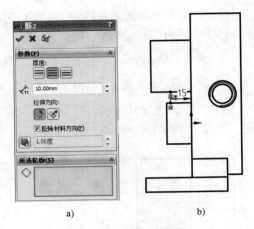

a)　　　　　　　　　b)

图 15-60　设置"筋"命令

a)"筋"命令参数设置对话框　b)草图绘制

　　"孔类型（T）"→直螺纹孔　；"标准"→GB；"类型"→底部螺纹孔；"孔规格"设为
M6；"终止条件（C）"→"给定深度"→"盲孔深度"　设为 18mm；"螺纹孔深度"　设为
15mm；"选项"→打开"近端锥孔（S）"→"锥形沉头孔宽度"　设为 7mm；"锥形沉头孔
角度"　设为 90°。

　　"孔规格"→"位置"选项卡，用鼠标选择泵体前端面，进而捕捉上一步绘制草图上的 6
个螺纹孔位置。

　　单击　按钮，得到图 15-62 所示的结果。

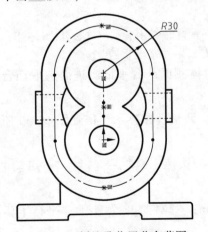

图 15-61　螺纹孔位置分布草图

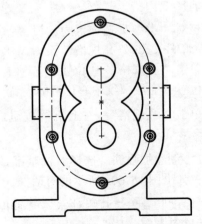

图 15-62　泵体端面的螺纹孔效果

　　③ 创建泵体前端面上的两个销孔。

　　启动"异型孔向导"命令，绘制图 15-63a 所示的两个销孔。选项卡中各项设置如下：

　　"类型"选项卡→"孔类型（T）"→孔　；"标准"→GB；"类型"→钻孔；"孔规格"：
φ5mm；"终止条件（C）"→"给定深度"→"盲孔深度"　：15mm。

　　"位置"选项卡用鼠标选择泵体前端面，进而选择图 15-63b 所示的销孔的位置。

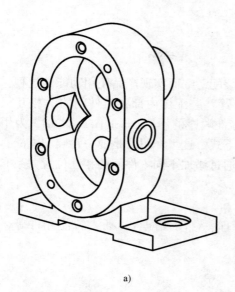
a)

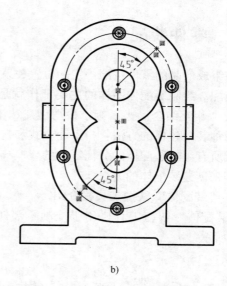
b)

图 15-63　创建销孔
a）销孔效果图　b）销孔位置草图

9）添加圆角。"特征"快捷工具栏→，启动"圆角"命令，弹出图 15-64 所示的对话框，设置参数如下：

"圆角类型（Y）"→"等半径（C）"；

"圆角项目（I）"→半径 ↗ 设为 2mm；勾选"切线延伸（G）"和"完整预览（W）"复选框→"打开"。

利用同样的方法，创建其他各部分的圆角，结果如图 15-65 所示。至此便完成了泵体零件的设计。

图 15-64　设置"圆角"命令

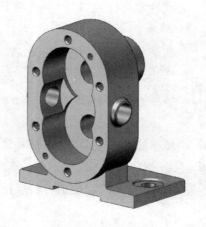

图 15-65　泵体效果图

15.4　零件装配

将组成产品的零件按照一定的位置关系进行装配，继而实现产品使用功能的过程，称为零件装配。绘制装配体图样的主要工作就是"设置"装配体内部各组件间的"相互位置关系"或"相互结合形式"等。根据创建和添加零件顺序的不同，SolidWorks 2012 为用户提供了两种装配建模的方法：自下而上式和自上而下式。这里介绍的是前一种装配方法，即首先完成所有组成装配体的分离零件的建模，然后通过添加不同零件间的相互位置关系和结合形式等来创建装配体的方法。

1. "装配体"快捷工具栏介绍

"装配体"快捷工具栏用于控制零部件的管理、移动及配合，插入智能扣件等，如图15-66 所示。

图 15-66　"装配体"快捷工具栏

下面对每一项具体的"装配体"快捷工具栏按钮进行简单介绍。

"编辑零部件"：用于编辑零件子装配体和主装配图之间的状态。

"插入零部件"：添加一个现有零件或子装配体到装配体。

"配合"：定位两个零部件使之保持相应配合关系。

"线性零部件"：以一个或两个线性方向阵列零部件。

"智能扣件"：使用 SolidWorks Toolbox 标准硬件库将扣件添加到装配体。

"移动零部件"：在由其配合所定义的自由度内移动零部件。

"显示隐藏的零部件"：临时显示所有隐藏的零部件并使选定的隐藏零部件可见。

"装配体特征"：生成各种装配体特征。

"参考几何体"：参考几何体指令。

"新建运动算例"：插入新运动算例。

"材料明细表"：添加材料明细表。

"爆炸视图"：将零部件分离成爆炸视图。

"爆炸直线草图"：添加或编辑显示爆炸的零部件之间几何关系的 3D 草图。

"Instant3D"：启用拖动控标、尺寸及草图来动态修改特征。

2. 装配体设计范例

【例 15-5】 将组成"齿轮油泵"的所有零件实体模型拼装成图 15-67 所示的装配体。

（1）分析 赋予"齿轮油泵"装配体内部零件相互关系的过程应该与机械部件的实际安装路径相一致。首先固定"泵体"零件；然后按照传动路线，依次添加主动轴、键、主动齿轮及从动轴、从动齿轮等内部结构；当所有内部结构都添加完成后，再依次添加垫片、泵盖、螺钉组件等用于密封和固定连接的其他零件。

图 15-67 "齿轮油泵"装配体

（2）绘图步骤

1）创建文件。

① 单击 □→ 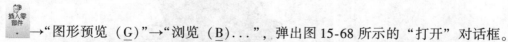，创建一个新的 Solid-Works 装配体文件。

→"图形预览（G）"→"浏览（B）..."，弹出图 15-68 所示的"打开"对话框。"文件夹位置"下拉菜单→找到"齿轮油泵"文件夹，通过预览选中"泵体"零件图，单击 ▮打开▮▾ 按钮插入此零件。

② 用鼠标拖动泵体零件到绘图区合适位置，单击确定。此时，从图 15-69 所示的"特征管理器"中可以观测到泵体的默认状态为"固定"。

③ 单击 ▮▾ 按钮，在"文件名（N）"文本框中输入"齿轮油泵装配体"，单击 ▮保存(S)▮ 按钮。

2）装配内部结构。

① 插入新零件。

a. "装配体"快捷工具栏→ 插入零部件，启动"插入零部件"命令。"控制区"→"浏览（B）..."→"齿轮油泵"文件夹→"08 主动轴"。

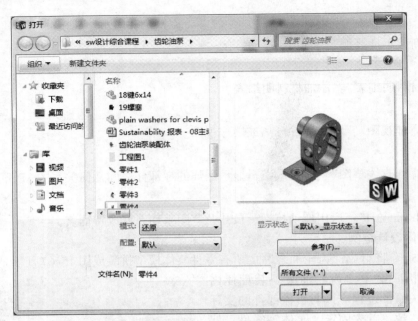

图 15-68　"打开"对话框

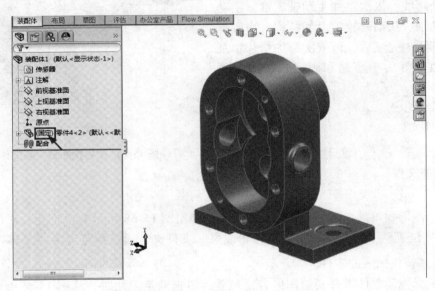

图 15-69　插入"泵体"零件

b. "装配体"快捷工具栏→移动零部件下拉菜单→"旋转零部件"。用鼠标按住并拖动"主动轴"，便可以单独旋转此零件。切换"移动零部件"与"旋转零部件"两种操作方式，将视图显示调整到合适的位置，如图 15-70 所示。

② 添加"配合"。

a. "装配体"快捷工具栏→配合，启动"配合"命令。用鼠标分别选择"08 主动轮"零件的端面和"04 泵体"零件上部孔的内表面，弹出图 15-71 所示的界面。"属性管理器"→

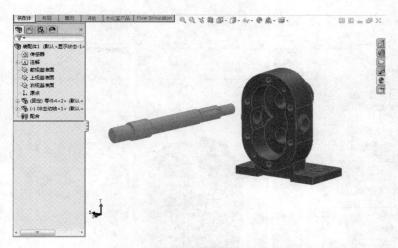

图 15-70 调整 "装配体" 视图显示

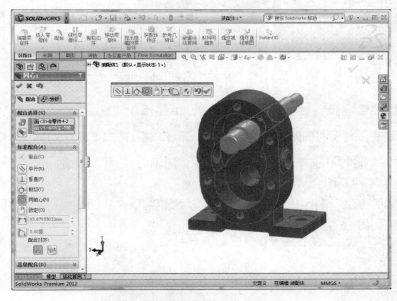

图 15-71 添加 "配合" 界面

"标准配合（A）"→"同轴心（N）"，单击左上角 ✔ 按钮，确定添加 "同心" 配合。

b. 用同样的方法，为 "08 主动轴" 最大直径处的右端面与 "04 泵体" 葫芦形沉孔端面添加 ⬈ "重合（C）" 配合。

③ 添加 "键" 及其 "配合"。

a. 重复①、②的方法，添加零件 "18 键 6×14" 并启动添加 "配合" 🔗 命令。

b. 如图 15-72 所示，"属性管理器"→"高级配合（D）"。→"宽度（I）" 🔳，打开 "宽度配合" 设置界面：

"宽度选择"→"08 主动轴" 键槽孔的两个侧面；"薄片选择"→"18 键 6×14" 的两个侧面；

单击 ✔ 按钮，确定添加"宽度"配合。

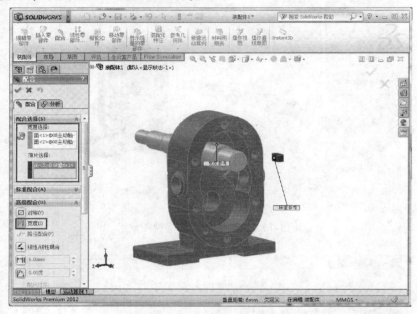

图 15-72　添加"宽度"高级配合

c. 配合→"属性管理器"→"标准配合（A）"，继续添加零件"18 键 6×15"底面与零件"08 主动轴"键槽孔底面间的 ⟨ "重合（C）"配合，零件"18 键 6×14"前端半圆柱面与零件"08 主动轴"键槽孔前端半圆柱面间的 ◎ "同轴心（N）"配合。

④ 添加其他零件及配合。

重复①、②的方法，顺序添加零件"17 主动齿轮""15 从动轴"，并为它们添加适当的配合关系，结果如图 15-73 所示。

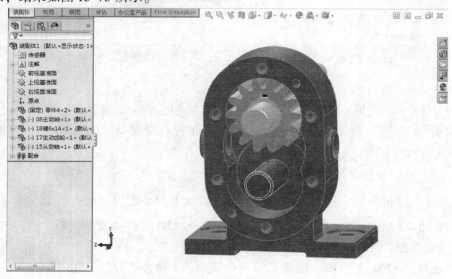

图 15-73　"内部结构"装配体

⑤ 添加齿轮间的配合关系。

a. 重复①、②的方法，添加零件"16 从动齿轮"。

配合→"标准配合（A）"→零件"16 从动齿轮"侧面与零件"04 泵体"葫芦形槽下底面间 ⊼"重合（C）"配合；零件"16 从动齿轮"内圆柱面与零件"15 从动轴"外圆柱面间 ◎"同轴心（N）"配合。

b. 命令区"菜单"→"视图（V）"→ 基准轴(A)，打开装配体上的"基准轴"。

c. 配合→"特征管理器"→"机械配合（A）"，如图 15-74 所示，设置参数如下：

"机械配合（A）"→ 齿轮（G）"→打开"齿轮"配合设置界面；"配合选择（S）"→零件"17 主动齿轮"与零件"06 从动齿轮"上的两条基准轴线。

单击 按钮，完成设置。

此时，用鼠标拖动零件"08 主动轴"旋转时，内部的两个齿轮可以实现啮合转动。

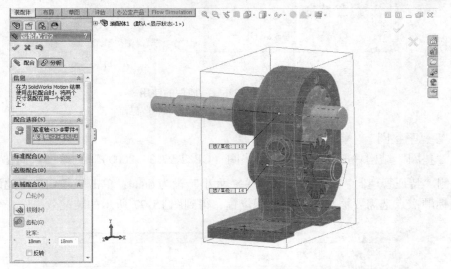

图 15-74　设置齿轮机械配合

3）添加连接结构。

① 重复 2）中①、②的步骤和方法，添加零件"03 垫片"，并为它添加与零件"04 泵体"端面及螺纹孔间的合理配合关系，结果如图 15-75 所示。

② 重复上述操作，添加零件"01 泵盖"，并为它添加与零件"03 垫片"端面及"垫片孔"间的合理配合关系。

③ 命令区→"选项"下拉菜单→"插件..."，启动插件列表，如图 15-76a 所示。

浏览"活动插件"→勾选"SolidWorks Toolbox"和"SolidWorks Toolbox Browser"两个插件。

④ 如图 15-76b 所示，将鼠标移至软件右侧"帮助区"，点选"资源库" →"Toolbox" 下拉菜单→"GB"→"垫

图 15-75　添加"03 垫片"
后的装配效果

· 155 ·

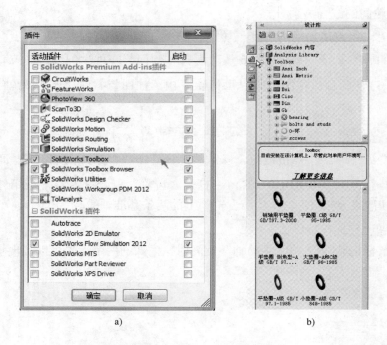

图 15-76　"Toolbox"插件的使用

a）调用"Toolbox"插件　b）"Toolbox"界面

圈与挡环"→"平垫圈"。

浏览"垫圈"结构→拖动"销轴用平垫圈（GB/T 97.3—2000）"到绘图区内垫片孔的位置→在左侧"特征管理器"→"配置零部件"→"大小"设为 6mm；单击 ✓ 按钮确定此设置。

用鼠标顺次点选需要添加垫片的沉孔位置，得到图 15-77 所示的装配效果。

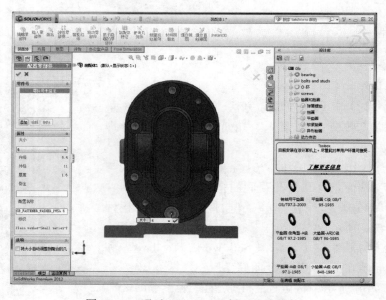

图 15-77　通过"Toolbox"插入垫片零件

⑤ 继续点选帮助区"资源库" →"Toolbox" 下拉菜单→"GB"→"bolts and studs"→"六角头螺栓";为覆盖垫圈的位置添加六个"六角头螺栓全螺纹 GB/T 5783—2000";"特征管理器"→"大小" 设为 M6;"长度" 设为 20mm。

⑥ 用同样的方法添加两个销钉。

最后得到图 15-78 所示的效果。

图 15-78 通过"Toolbox"插入相应的"联接件"

4）调整"显示"效果。

控制区"零件设计树"→零件"01 泵盖"→右击弹出"快捷菜单"→ "使透明"。

→控制鼠标，将装配体调整到合适位置，并通过绘图区上部的"视图"工具栏→"显示样式"下拉菜单→"上色"，展示装配效果。最终得到图 15-67 所示的装配效果。

3. 装配体爆炸视图制作

为了清晰地表明组装装配体的"装配路线"以及"装配层次"等信息，可以利用"爆炸视图"命令清晰地描述装配过程。

【例 15-6】 利用"爆炸视图"命令，描述图 15-67 所示齿轮油泵装配体的装配过程。

（1）爆炸视图生成过程

1）"装配体"快捷工具栏→ ，启动"爆炸视图"命令，如图 15-79 所示。

在控制区单击"属性管理"模式，如图中箭头所示；设计结构树转到绘图区左侧，如图中圈中的鼠标箭头所示。

2）按住〈Ctrl〉键，在设计结构树下拉菜单中同时选中"01 泵盖"、所有由"Toolbox"生成的零件、"09 钢球""10 弹簧""12 垫片"及"19 螺塞"等零件。此时绘图

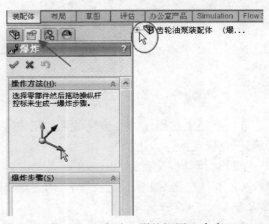

图 15-79 启动"爆炸视图"命令

区的装配体上被选中的零件显示为蓝色，同时弹出"操纵杆控标" 。

3）用鼠标先将 拖拽到空白处，然后再沿某特定方向（如红色箭头方向）将这些选中的零件拖放到合适位置，如图 15-80 所示。

4）用鼠标单击绘图区其他位置，则弹出"爆炸步骤（S）"： 爆炸步骤1 。

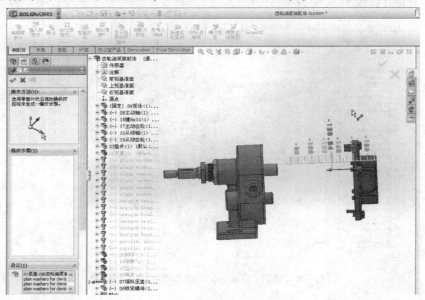

图 15-80　设置"爆炸步骤"

5）重复上述操作，按住 < Ctrl > 键，在设计结构树下拉菜单中同时选中所有由"Tool-box"生成的零件，拖动操纵杆控标，将这些标准件从第一次拖出的地方再次拖出一段距离，结果如图 15-81 所示。

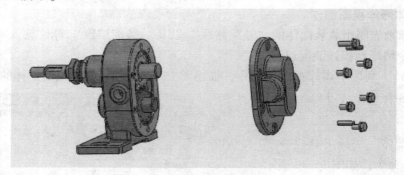

图 15-81　分解标准件

6）重复上述操作，将齿轮油泵的组成零件按照实际装配顺序有规律地分解，直至分解到每一个分立零件为止，完成"爆炸"过程，结果如图 15-82 所示。

（2）"爆炸"解除过程

1）软件左侧控制区"配置"→右击"爆炸视图1"→右击→"解除爆炸（A）"，恢复到爆炸前的状态。

2）也可以在控制区"配置"→右击"爆炸视图1"→右击→"动画解除爆炸（B）"命

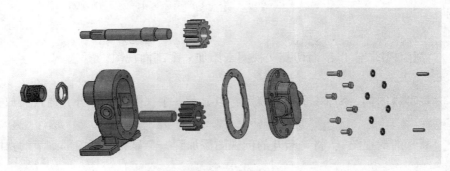

图 15-82　齿轮油泵装配体的爆炸结果

令，动态地显示装配体解除"爆炸"的过程。

15.5　工程图的生成

当前，用于指导工程领域设计、制造、装配以及维护等环节的主要技术文件仍然是二维工程图样。因此，如何利用软件生成符合国家标准规范的工程图样，是考核机械类专业学生软件学习水平的关键指标之一。SolidWorks 软件提供了将创建好的零件或装配体转换成相关联的工程图文件的方法。默认生成的工程图与源模型之间存在可相互修改的关联性，即当用户更改"工程图"上的结构或尺寸时，对应的实体模型上的结果或尺寸也会随之改变，反之亦然。当然，如果想断开实体与工程图之间的联系，在 SolidWorks 中也是可以实现的。本节介绍将零件实体模型转换成工程图的基本操作。

1. 工程图快捷工具栏简介

打开一张新的工程图后，绘图区上方会弹出工程图快捷工具栏，用于提供常用的工程视图绘图工具，常用的有"视图布局""注解"及"草图"等选项。其中"草图"选项前面已经介绍过，下面对另两种选项列出的命令进行总体的介绍。

"视图布局"快捷工具栏如图 15-83 所示。各按钮基本功能介绍如下：

图 15-83　"视图布局"快捷工具栏

"标准三视图"：添加三个标准、正交视图，视图的方向可以为第一角或第三角。

"模型视图"：根据现有零件或装配体添加正交视图或命名视图。

"投影视图"：从一个已经存在的视图展开新视图，从而添加一个投影视图。

"辅助视图"：从一个线性实体（边线、草图实体等）展开一个新视图，从而添加一个视图。

"剖面视图"：以剖面切割父视图来添加一个剖面视图。

"局部视图"：添加一个局部视图，以显示一个视图的某部分，通常需放大比例。

"断开的剖视图"：将一断开的剖视图添加到一个显露模型内部细节的视图中。

"断裂视图"：给所选视图添加折断线。

"剪裁视图"：剪裁现有视图以只显示视图的一部分。

"交替位置视图"：添加一个显示模型配置且置于模型另一配置之上的视图。

"注解"快捷工具栏如图15-84所示。各按钮基本功能介绍如下：

图15-84　"注解"快捷工具栏

"智能尺寸"：为一个或多个所选实体生成尺寸。

"模型项目"：从参考的模型输入尺寸、注解以及参考几何体到所选视图中。

"拼写检查程序"：检查拼写。

"格式涂刷器"：复制尺寸和注解之间的视觉属性。

"注释"：插入注释。

"线性注释阵列"：添加注释线性阵列。

"零件序号"：添加零件序号。

"自动零件序号"：为所选视图中的所有零部件添加零件序号。

"磁力线"：插入磁力线。

"表面粗糙度符号"：添加表面粗糙度符号。

"焊接符号"：在所选实体（面、边线等）上添加一个焊接符号。

Uφ 孔标注　　"孔标注"：添加一个孔或槽口标注。

形位公差　"形位公差"：添加一个几何公差符号。

基准特征　"基准特征"：添加一个基准特征符号。

基准目标　"基准目标"：添加基准目标（点或区域）和符号。

区域剖面线/填充　"区域剖面线/填充"：添加剖面线阵列或将实体填充到一个模型面或闭合的草图轮廓中。

块　"块"：块命令。

中心符号线　"中心符号线"：在圆形边线、槽口边线或草图实体上添加中心符号线。

中心线　　"中心线"：添加中心线到视图或所选实体。

修订符号　"修订符号"：插入最新的修订符号。

表格　"表格"：表格命令。

2. 绘图环境设置

工程图样绘制要符合国家标准的规定。例如尺寸文本的方位与字高、尺寸箭头的大小与形式等，国家标准对此都有明确的规定。为便于后续生成规范的工程图，需要预先设置符合国家标准的绘图环境。

（1）"选项"命令　工程图环境设置主要通过"选项"命令来实现。命令区"菜单"→**工具(T)** → **选项(P)...**，弹出"系统选项（S）"对话框；切换至"文档属性（D）-绘图标准"对话框，如图15-85所示；"绘图标准"→"总绘图标准"下拉列表框→GB。

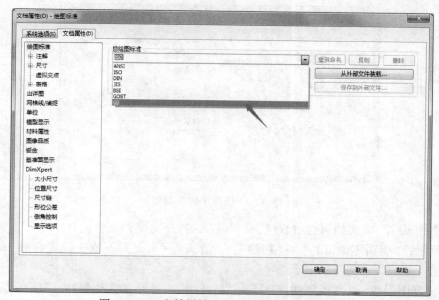

图15-85　"文档属性（D）-绘图标准"对话框

（2）注解设置

①"文档属性（D）"→"注解"，打开"文档属性（D）-注解"对话框，如图 15-86 所示。

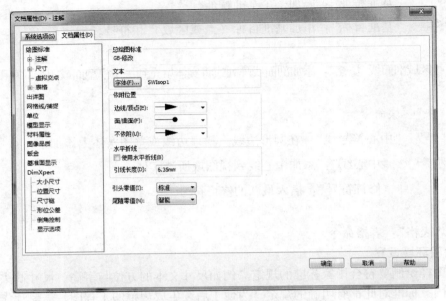

图 15-86　"文档属性（D）-注解"对话框

②字体设置。单击"字体（F）…"选项按钮，打开"选择字体"对话框如图 15-87 所示；"字体（F）"→SWIsop1；　"字体样式（Y）"→斜体；高度→"单位（N）"设为 3.5mm；单击"确定"按钮，结束字体设置。

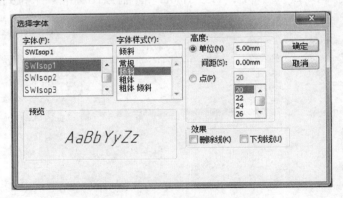

图 15-87　"选择字体"对话框

（3）尺寸设置　"文档属性（D）"→"尺寸"，打开"文档属性（D）-尺寸"对话框，如图 15-88 所示；"引头零值（I）"→"移除"；"箭头"→从上到下依次设置参数 1mm，3mm，7mm；单击"确定"按钮，完成设置。

（4）出详图设置　"文档属性（D）"→"出详图"，打开"文档属性（D）-出详图"对话框，如图 15-89 所示；"显示过滤器"→勾选相应选项；【显示注解（P）】→取消勾选各选项；单击"确定"按钮，完成设置。

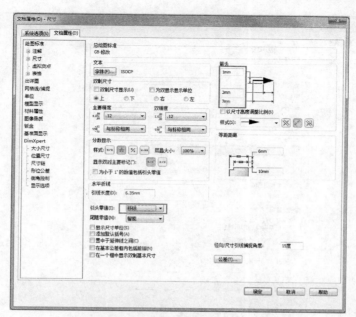

图 15-88 "文档属性（D)-尺寸"对话框

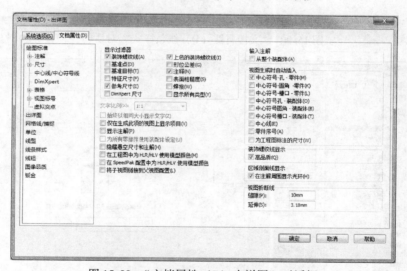

图 15-89 "文档属性（D)-出详图"对话框

（5）线型设置 "文档属性（D)"→"线型"，打开"文档属性（D)-线型"对话框；"边线类型（T)"→"草图曲线"，"可见边线 speedpak"的"线粗（H)"都选成 0.7mm；

单击"确定"按钮，完成设置。

（6）线条样式设置 "文档属性（D)"→"线条样式"，打开"文档属性（D)-线条样式"对话框，如图 15-90 所示；"新建（N)"→"线条长度和间距值"设为 B，0，－20，建立新线条样式；修改新线条样式"名称"为"剖切符号"。单击"确定"按钮，完成设置。

（7）剖面视图设置

① 控制区"视图标号"，设置"文本"→"字体（F)"→SWIsop1，具体参数如图 15-91 所示。

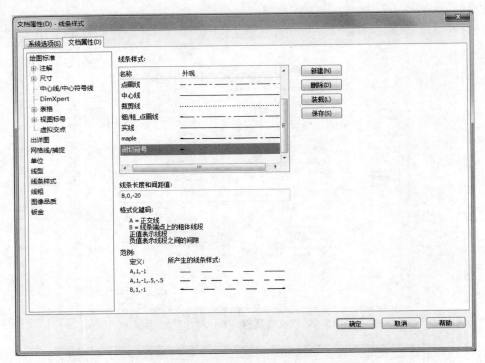

图 15-90　"文档属性（D)-线条样式"对话框

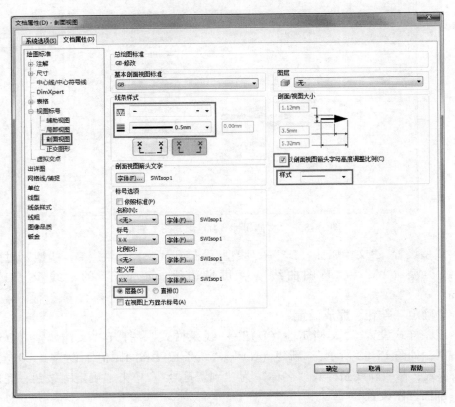

图 15-91　"文档属性（D)-剖面视图"对话框

② 控制区 "视图标号"下拉菜单→"剖面视图"，打开"文档属性（D）-剖面视图"对话框，如图 15-91 所示；"线条样式"→"样式"下拉菜单→找到上步新建的"剖切符号"样式；"粗细"设为 0.5mm；单击"确定"按钮，完成设置。

3. 创建工程图

（1）打开工程图文件　打开工程图文件的命令主要有以下两种：

1）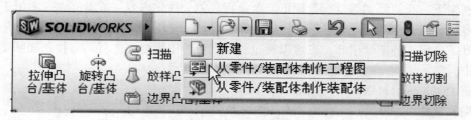，打开一个新的工程图文件。

2）直接在编辑零件或装配体的状态下，转到编辑工程图模式，如图 15-92 所示。

图 15-92　打开新的工程图

每次打开一张新的工程图时，首先要注意及时保存。保存工程图可以直接单击 🖫 ▼ 按钮，弹出"另存为"对话框时要及时更换文件名，如"泵体"等。

（2）图纸格式及其大小设置　一张规范的工程图需要包括：一组合理表达的图形；尺寸、工艺等参数信息；技术要求等文字说明及标题栏等内容。为适应各种规格工程图的生成，除了需要设置合理的绘图环境外，还要对图纸格式及图纸大小进行规范。

1）选择空白图纸。第一次打开一张工程图，系统会弹出图 15-93 所示的"图纸格式/大小"对话框，指导用户建立图纸样式。左侧"标准图纸大小（A）"选项下提供了各种标准样式的图纸格式。

图 15-93　"图纸格式/大小"对话框

如果勾选"只显示标准格式（F）"复选框，则对话框中只会显示 A1（GB）、A2（GB）、A3（GB）、A4（GB）等四种形式。

"显示图纸格式（D）"复选框用来设置是否在工程图中显示图纸格式。不勾选该复选框，则新生成的工程图上没有标题栏和图框。

"自定义图纸大小（M）"选项：如果"标准图纸大小"都不适合用户的要求，或者需要的图纸规格不在标准格式列表中，用户便可以通过自定义的方法给定所用图纸的宽度和高度值，默认单位为毫米（mm）。

用户可以通过右侧的"预览"界面观察设置效果，满意后单击"确定（O）"按钮，保存设置。

2）调用现有的图纸格式。实际工程中使用的标题栏格式，通常是在符合国家标准规定的基本框架下，希望添加符合行业规范或企业特色的个性化内容；或者有些在图纸上相对固定的内容也希望固化到标题栏区域中。这就需要设计、使用自定义的图纸格式。如果用户已经设置好了自定义的图纸格式，也可以通过调用现有的图纸格式，将其直接添加到新的工程图文件中。

在图 15-93 所示对话框中"浏览（B）..."→在下面文件夹位置，添加自己设置并保存的图纸格式文件（.slddrt）：

c：\ documents and settings \ all users \ application data \ SolidWorks \ SolidWorks 2012 \ lang \ chinese-simplified \ sheetformat \ gb20102. slddrt。

（3）创建工程图模板文件　生成新的工程图时，可通过调用图纸格式文件（.slddrt）来使用以前设置的图框格式。为避免工程图环境设置等的重复工作，也可以通过创建工程图模文件的方法来实现快速设置。

1）绘制工程图模板。

①"草图"快捷工具栏→ → ，新建一张工程图模板文件，弹出图 15-93 所示的"图纸格式/大小"对话框，在对话框中进行如下设置：

取消勾选"显示图纸格式（D）"；勾选"自定义图纸大小（M）"，"宽度（W）"设为297mm，"高度（H）"设为420mm。

单击"确定（O）"按钮，进入绘制草图状态。

② 控制区右击→"图纸 1"→"编辑图纸格式（B）"选项，进入编辑图纸格式状态。

③ 使用"草图"快捷工具栏中的命令按钮，绘制图 15-94 所示的标准标题栏草图。

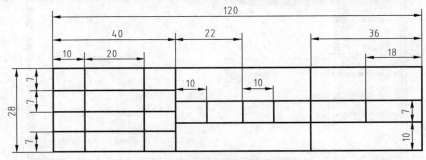

图 15-94　标准标题栏草图

2）调用工程图模板文件。如果在其他软件中有绘制好的工程图模板，也可以使用 Insert > Data from File 命令导入，如 AutoCAD 文件（.dwg 或 .dxf 文件）。

3）保存工程图模板文件。

根据前文步骤，可以制作出一张带有个人风格的标题栏，如图 15-95 所示。要随时调用该文件，则需要通过"工程图模板"文件命令实现。

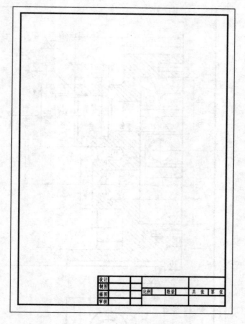

 →"保存类型（T）"下拉菜单→将"工程图模板文件（.drwdot）改名为"ZJA3.drwdot"，并存放于 SolidWorks ＼ Solid-Works2012 ＼ templates 文件夹下，以备调用。

4. 工程图设计范例

【例 15-7】 将图 15-65 所示的泵体实体模型生成图 15-96 所示的工程图。

（1）分析 图 15-96 所示的工程图主要由三个基本视图组成：泵体的整体外形特征由左视图表达；内部的孔结构和分布情况由全剖的主视图表达；而底板俯视图则主要表达底板上安装孔的位置。由此可见，工程图生成的合理路径是左视图→主视图→俯视图。

（2）绘图步骤

图 15-95 自制"标题栏"文件

1）创建工程图文件。

① 打开绘制好的泵体零件图，命令区"菜单"→"新建"→"从零件/装配体制作工程图"，打开新的工程图，如图 15-92 所示。

② 控制区右击→"图纸 1"→"属性...（G）"，打开"图纸属性"对话框，进行如下设置：

"投影类型"→"第一视角（F）"；"比例（S）"→1:1。

③ 新建的工程图保持上述工程图模板文件的设置，单击"确定（O）"按钮。

2）插入投影视图。

①"视图布局"快捷工具栏→，启动"模型视图"命令。

控制区"浏览（B）..."→找到泵体的模型；控制区"预览"→"打开"；"方向（O）"→选取"左视图"，插入第一个视图。

② 视图布局快捷工具栏→，启动"投影视图"命令。按住鼠标从刚生成的左视图上向右上方拖动，通过预览观察得到的轴测视图。抬起鼠标，确定此投影视图，并用鼠标将其拖拽到图纸右下角的合适位置上。

3）插入剖视图。

①"视图布局"快捷工具栏→下拉菜单→ **旋转剖视图**，启动"旋转剖视图"命令。控制鼠标在左视图上绘制图 15-97 所示的旋转剖面符号"*A—A*"。注意保证剖面线正直。将生成的全剖主视图拖到合适位置，单击"确定"按钮。

②"视图布局"快捷工具栏→，启动"剖面视图"命令。控制鼠标在全剖主视图的底板位置，绘制图 15-97 所示的剖面符号"*B—B*"。注意：剖切面不要与底板上表面位置重合。将生成的全剖俯视图拖到合适位置，单击"确定"按钮。

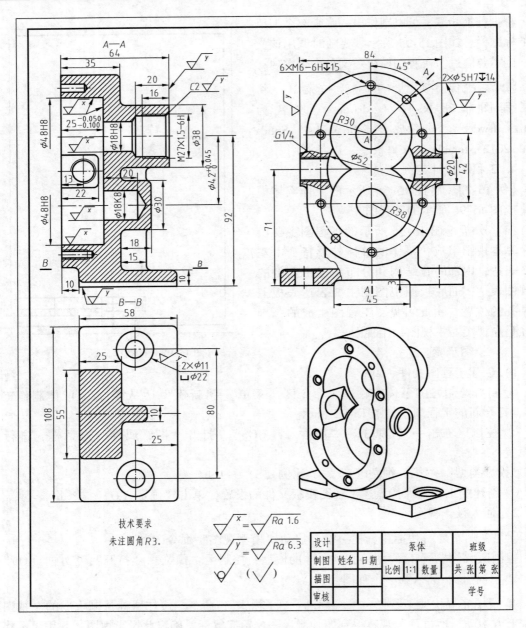

图 15-96　泵体工程图

4）创建局部剖视图。

① "视图布局"快捷工具栏→📐，启动"断开的剖视图"命令。

② 程序自动切换成"绘制样条曲线"命令。单击鼠标确定样条曲线的控制点，在需要局部剖的位置圈画剖切范围。

③ 当剖切范围封闭时，打开"断开的剖视图"对话框，如图 15-98 所示，将"深度（D）"设为 13mm，勾选"预览（P）"。单击✔按钮，确定设置。

④ 用同样的方法创建前、后表面螺纹孔及底板安装沉孔的局部剖视图。

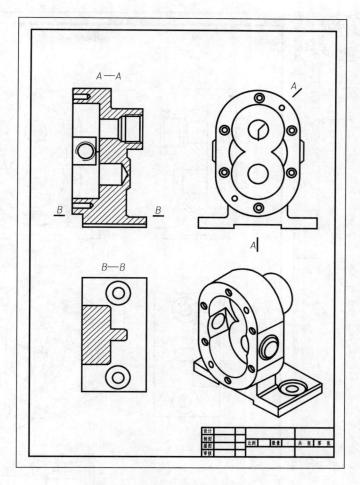

图 15-97　插入泵体三视图

5）编辑剖面区域。按照绘图环境的系统设置，生成剖视图的同时会自动添加相应的剖面线。但在某些特殊情况下（如筋板纵向剖切等）按国家标准规定是不剖的。因此，需要重新编辑剖面区域，方法如下：

① 单击主视图上的剖面区域，打开"区域剖面线/填充"对话框，如图 15-99 所示，进行如下设置：

"属性（P）"→取消点选"剖面线（H）"；点选"无（N）"。

② 激活"草图"快捷工具栏，在主视图中勾画出加强筋轮廓的草图。注意：这里的草图区域要求封闭。因此，原视图的外形轮廓线在必要时也必须通过"转换实体"命令，复制到新生成的草图上。为确定草图的精确形状，相应的"添加几何体征"及"智能尺寸"等命令也都是必要的，结果如图 15-100 所示。

③ "注解"快捷工具栏→🔲，重新打开"区域剖面线/填充"对话框，进行如下设置：

"属性（P）"→取消点选"剖面线（H）"；点选"无（N）"。

6）完善视图。

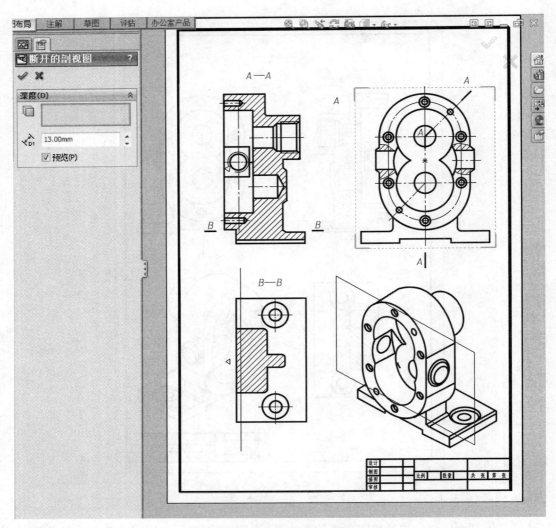

图 15-98　"断开剖视图"对话框

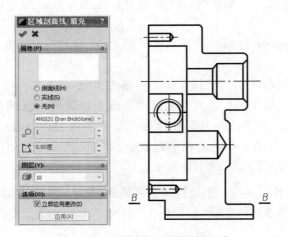

图 15-99　去除剖面区域的剖面线

① 圆角的处理。工程图学的基本原理告诉我们，如果两个基本立体以相切的形式叠加而成，其组合体结构是不画交线的，这里称为"切边"，而相交两立体则需要显示交线。因此，需要修正工程图，在视图中不需要显示切边的位置，右击，选择"切边"→"切边不可见（C）"；而对于默认不显示切边的轴测视图，则需要右击，选择"切边"→"切边可见（A）"。

② 添加中心线。"注解"快捷工具栏→ 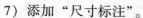 ，启动"中心符号线"命令，点选视图中的圆轮廓，自动添加中心符号线。

也可以利用"注解"快捷工具栏→ ⊞ 中心线 ，添加非圆视图的中心线。

7）添加"尺寸标注"。

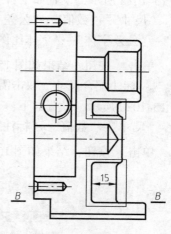

图 15-100　加强筋草图

① "注解"快捷工具栏→启动 智能尺寸 命令。大部分尺寸都可以通过这种方式进行标注。

② 标注极限偏差。双击需要标注极限偏差的尺寸，启动"特征管理器"→尺寸命令，如

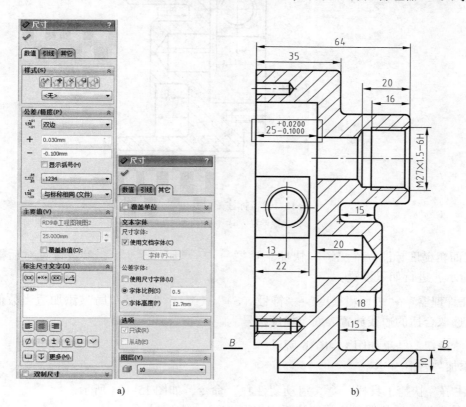

a)　　　　　　　　　　　　　　　　b)

图 15-101　标注极限偏差

a）参数设置　b）标注结果

图 15-101a 所示，设置如下：

"尺寸"→"数值"→"公差/精度（P）"下拉菜单→"双边"；"尺寸"→"其它"→"文本字体"→"公差字体"→"字体比例（S）"设为 0.5。

单击 ✓ 按钮，结果如图 15-101b 所示。

③ 标注配合尺寸。双击需要标注配合的尺寸，启动"特征管理器"→"尺寸"命令，如图 15-102a 所示，设置如下：

"尺寸"→"数值"→"标注尺寸文字（I）"→修改相应文字。

单击 ✓ 按钮，结果如图 15-102b 所示。

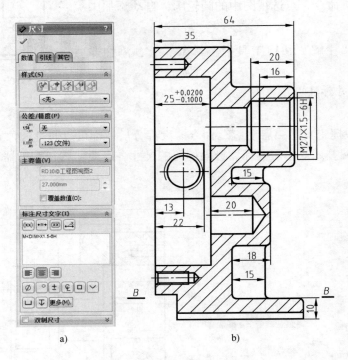

a)　　　　　　　　　　　b)

图 15-102　标注配合尺寸

a）参数设置　b）标注结果

④ 表面粗糙度标注。"注解"快捷工具栏→ √ 表面粗糙度符号 ，参数设置对话框如图 15-103a 所示，进行如下设置：

"特征管理器"→"表面粗糙度"→"符号（S）"→ √ ；"符号布局"添加适当数值，如 x、y 等；选取合适的边线放置表面粗糙度符号。

单击 ✓ 按钮，结果如图 15-103b 所示。

8）添加"注释文本"。

① "注解"快捷工具栏→ A ，启动"注释"命令，如图 15-104 所示。

② 在绘图区合适位置单击放置注释文本框。

③ "文本格式"下拉菜单→"汉仪长仿宋体"→"10mm"。

④ 继续添加"注释"文本，完成全图，最终得到图 15-96 所示的泵体工程图。

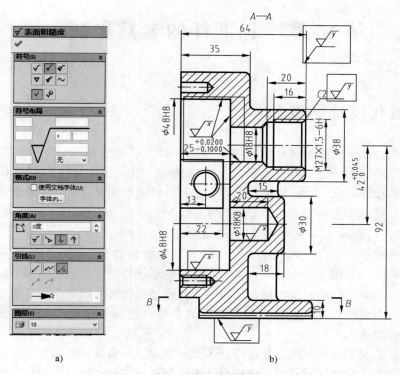

a)   b)

图 15-103   标注表面粗糙度

a）参数设置   b）标注结果

图 15-104   添加"注释"字体

第16章 标准件的参数化制作

16.1 参数化设计的概念

产品研发中，设计成本占总成本的70%～80%。产品开发初期，零件形状和尺寸有一定的模糊性，要在装配验证、性能分析之后才能确定。这就要求零件模型具有柔性易于修改，将模型中的设计要求、设计原则、设计方法和设计结果用灵活可变的参数来表示，使定量信息变量化，就可得到不同大小和形状的零件模型。

参数化设计（parametric design）是在产品的基本结构形式确定的前提下，根据设计中某些具体的条件和参数来决定产品某一结构形式下的结构参数，从而设计出不同规格的产品。即用几何约束、工程方程与关系说明产品模型的形状特征，得到一组在形状或功能上具有相似性的设计方案。其本质是对统一结构的产品通过修改尺寸约束生成新规格的产品，利用计算机来进行参数化CAD，用户只需在计算机上输入机械零件的几个关键参数，系统就会准确地、自动地生成工程图样。

参数化设计的基本过程包括：创建原始图形；确定绘图参数；利用专业知识确定原始图形参数与具体结构参数之间的关系；生成设计图样与相关文档。参数化设计的关键是几何约束关系的提取和表达、几何约束的求解以及参数化几何模型的构造。在参数化设计系统中，参数分为两类：其一为各种尺寸值，称为可变参数；其二为几何元素间的各种连续几何信息，称为不变参数。参数化设计的本质是在可变参数的作用下，系统能够自动维护所有的不变参数。因此，参数化模型中建立的各种约束关系体现了设计人员的设计意图。

参数化设计可以大大提高模型的生成和修改速度，在产品的系列设计、相似设计及专用CAD系统开发方面都具有较大的应用价值。目前，参数化设计中的参数化建模方法主要有变量几何法和基于结构生成历程的方法。其中，前者主要用于平面模型的建立，而后者更适合于三维实体或曲面模型。

本章内容所涉及的实例内容均在PTC公司出品的Pro/E Wildfire 5.0软件上实现。

16.2 参数的设置以及参数关系的建立

1. 参数的设置

进入Pro/E Wildfire 5.0的零件模式，单击菜单"工具"中的"参数" | 参数(P)... | 按钮，即可打开图16-1所示的"参数"对话框。用户使用该对话框可添加、删除参数，也可以设置和编辑参数的属性。

（1）参数属性的组成

1）名称。参数的名称和标识，用于区分不同的参数，是引用参数的依据。

注意：用于关系的参数必须以字母开头，不区分大小写，参数名不能包含非法字符，

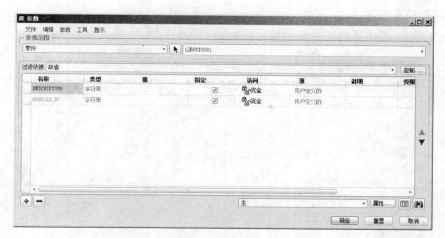

图 16-1 "参数"对话框

如!、"、@ 和#等。

2）类型。指定参数的类型包括以下几种：①整数——整数型数据；②实数——实数型数据；③字符型——字符型数据；④是否——布尔型数据。

3）值。为参数设置一个初始值，该值可以在随后的设计中修改。

4）指定。选中该复选框可以使参数在产品数据管理（Product Data Management，PDM）系统中可见。

5）访问。为参数设置访问权限，包括：①完全——无限制的访问权，用户可以随意访问参数；②限制——具有限制权限的参数；③锁定——锁定的参数，这些参数不能随意更改，通常由关系式确定。

6）源。指定参数的来源，包括：①用户定义的——用户定义的参数，其值可以随意修改；②关系——由关系式驱动的参数，其值不能随意修改。

7）说明。关于参数含义和用途的注释文字。

8）受限制的。创建其值受限制的参数。创建受限制的参数后，它们的定义存在于模型中而与参数文件无关。

9）单位。为参数指定单位，可以从其下拉列表框中选择。

（2）增删参数的属性项目 可以根据实际需要增加或删除以上 9 项中除了"名称"之外的其他属性项目。相关操作如下：

1）在"参数"对话框中单击"设置局部参数列" ▦ 按钮。

2）若不需要显示某一参数属性，则在弹出的"参数表列"对话框（图 16-2）中，单击右侧"显示"列表框中不需要显示的参数属性名称，单击"移除列" 《《 按钮，则该列显示在左侧"不显示"列表框中。

3）若需要显示某一参数属性，在"参数表"列对话框中，单击左侧"不显示"列表框中需要显示的参数属性名称，单击"添加列" 》》 按钮，则该列显示在右侧"显示"列表框中。

4）若需要调整显示参数的顺序，单击右侧"显示"列表框中需要调整参数属性的名称，单击  或 按钮调整其显示的位置。

5）单击"确定"按钮完成参数属性的编辑。

图 16-2　"参数表列"对话框

2. 关系的概念

关系也称参数关系，是参数化设计的另一个重要因素。关系是使用者自定义的尺寸符号和参数之间的数学表达式。关系包括特征之间、参数之间或组件之间的设计关系。可以这样来理解，参数化模型建立好之后，使用者可以用关系来驱动模型，从而确定一系列的产品。使用者通过更改参数关系即可生成不同尺寸的零件，而关系是确保在更改参数的过程中，该零件能满足基本的形状要求，而改变了关系也就改变了模型。例如参数化齿轮，用户可以通过更改其模数、齿数，从而生成同系列、不同尺寸的多个模型，而关系则满足在更改参数的过程中齿轮不会变成其他的零件。

3. 关系表达式的组成

关系表达式的组成主要有尺寸符号、数字、参数、保留字、注释等。

（1）符号类型　系统会给每一个尺寸数值创建一个独立的尺寸符号，在不同的模式下，被给定的符号也不同。具体符号说明见表 16-1 ~ 表 16-3。

表 16-1　尺寸符号说明

符　　号	说　　明
sd#	草绘的一般尺寸符号
rsd#	草绘的参考型尺寸符号
d#	零件与组件模式的尺寸符号
rd#	参考型尺寸符号
kd#	已知型的尺寸符号
d#:#	组件模式下组件的尺寸符号
rd#:#	组件模式下组件参考型的尺寸符号

表 16-2　尺寸极限偏差符号说明

符　　号	说　　明
tpm#	上、下对称型极限偏差符号
tp#	上极限偏差符号
tm#	下极限偏差符号

表 16-3　阵列复制符号说明

符　号	说　明
p#	阵列的子特征(子组件)编号
lead_v	引导值,引导特征的位置尺寸
memb_v	阵列实例最终尺寸
memb_i	阵列实例增量尺寸
idx_1	第一方向阵列索引
idx_2	第二方向阵列索引

注：memb_v 和 memb_i 不能同时出现。

除了以上的系统符号之外，用户还可以自定义参数符号。用户自定义的参数符号必须满足以下条件：

1）用户参数符号名必须以字母开头（如果它们要用于关系的话）。

2）不能使用 d#、kd#、rd#、tm#、tp#，或 tpm#作为用户参数符号名，因为它们是由尺寸保留使用的。

3）用户参数符号名不能包含非字母和数字的字符，如！、@、#、$ 等。

（2）系统内默认的参数符号　由系统保留使用的参数符号主要包括表示圆周率的 π、表示重力常数的 g，以及系统参数变量名 C#（如 C1 = 1、C2 = 2 等）。

（3）运算符号　运算符号主要包括算术、比较、逻辑三种，具体说明见表 16-4。

表 16-4　运算符号说明

算术	符　号	说　明	比较	符　号	说　明	逻辑	符　号	说　明
算术	+	加	比较	>	大于	逻辑	&	AND
算术	−	减	比较	<	小于	逻辑	|	OR
算术	*	乘	比较	= =	等于	逻辑	~、！	NOT
算术	/	除	比较	> =	大于或等于			
算术	^	乘方	比较	< =	小于或等于			
算术	=	等于	比较	！ = < > ~ =	不等于			
算术	( )	括号						

（4）数学函数　部分数学函数的符号说明见表 16-5。

表 16-5　数学函数符号说明

符　号	说　明	符　号	说　明
sin( )	正弦函数	log( )	对数函数
cos( )	余弦函数	ln( )	自然对数函数
tan( )	正切函数	exp( )	以 e 为底的指数函数
asin( )	反正弦函数	abs( )	绝对值函数
acos( )	反余弦函数	max( )	最大值函数
atan( )	反正切函数	min( )	最小值函数
sinh( )	双曲正弦函数	mod	求余函数
cosh( )	双曲余弦函数	pow( )	指数函数
tanh( )	双曲正切函数	ceil( )	不小于该值的最小整数
sqrt( )	平方根函数	floor( )	不大于该值的最大整数

下面简单分类介绍数学函数符号的用法。

1）sin（）、cos（）、tan（）函数。这三个都是数学上常用的三角函数，分别使用单位为度（°）的角度值来求得对应的正弦、余弦和正切值，例如，若 $A = \sin$（30），则 $A = 0.5$；

若 $B = \cos$ （30），则 $B = 0.866$。

2）asin（）、acos（）、atan（）函数。这三个是上述三个三角函数的反函数，通过给定的实数值求得对应的角度值，例如，若 $A = \text{asin}$ （0.5）则 $A = 30°$；若 $B = \text{acos}$ （0.5），则 $B = 60°$。

3）sinh（）、cosh（）、tanh（）函数。在数学中，双曲函数类似于常见的三角函数，其计算方法如下：

双曲正弦函数：$\sinh$ （x）$= (e^x - e^{-x})/2$

双曲余弦函数：$\cosh$ （x）$= (e^x + e^{-x})/2$

双曲正切函数：$\tanh$ （x）$= (e^x - e^{-x})/(e^x + e^{-x})$

双曲函数也是用实数作为输入值。

4）sqrt（）函数。求得指定数值的平方根。例如，若 $A = \text{sqrt}$ （100），则 $A = 10$；若 $B = \text{sqrt}$ （2），则 $B = 1.414$。

5）log（）函数。求得以 10 为底的指定数值的对数值。例如，若 $A = \log$ （1），则 $A = 0$；若 $B = \log$ （10），则 $B = 1$。

6）ln（）函数。求得以自然数 e 为底的指定数值的对数值。例如，若 $A = \ln$ （1），则 $A = 0$；若 $B = \ln$ （5），则 $A = 1.609$。

7）exp（）函数。求得以自然数 e 为底的幂次方数。例如，若 $A = \exp$ （2），则 $A = e^2 = 7.387$。

8）abs（）函数。求得给定参数的绝对值。

9）max（）、min（）函数。求得给定的两个参数之中的最大、最小值。例如，若 $A = \max$ （3.8，2.5），则 $A = 3.8$；若 $B = \min$ （3.8，2.5），则 $B = 2.5$。

10）mod（）函数。求第一个参数除以第二个参数得到的余数。例如，若 $A = \text{mod}$ （20，6），则 $A = 2$；若 $B = \text{mod}$ （20.7，6.1），则 $B = 2.4$。

11）pow（）函数。指数函数。例如，若 $A = \text{pow}$ （10，2），则 $A = 100$；若 $B = \text{pow}$ （100，0.5），则 $B = 10$。

12）ceil（）和 floor（）函数。均可有一个附加参数，用它可指定舍去的小数位。其格式为：

ceil （parameter_ name or number, number_ of_ dec_ places）

floor （parameter_ name or number, number_ of_ dec_ places）

其中，parameter_ name or number 表示参数名或数值要保留的小数位（可省略）；number_ of_ dec_ places 表示要保留的小数位（可省略），它的取值不同会产生不同的结果，可以为数值，亦可为参数，若为实数则取整。

若 number_ of_ dec_ place >8，则不做任何处理，用原值；若 number_ of_ dec_ place <8，则舍去其后的小数位，则进位。

例如，ceil1 （0.2）$=11$，比 10.2 大的最小整数为 11；floor （-10.2）$= -11$，比 -10.2 小的最大整数为 -11；floor （10.2）$= 10$，比 10.2 小的最大整数为 10；ceil （10.255，2）$= 10.26$，比 10.255 大的最小符合数为 0.26；ceil （10.255，0）$= 11$，比 10.255 大的最小符合数为 11；floor （10.255，1）$= 10.2$，比 10.255 小的最大符合数为 10.2。

（5）其他函数 Pro/E 中提供的函数很多，除上述数学函数外，还有许多其他函数，下面介绍几个字符串函数。

1）string_length（ ）函数。返回某字符串参数中字符的个数，用法为 string_ length［parameter name or string（参数名或字符串）］。例如，若 strlen1 = string_ length（"material"），则 strlen1 = 8；若 material = "steel"，strlen2 = string_ length（material），则 strlen2 = 5。

2）rel_model_name（ ）函数。返回目前模型的名称，用法为 rel_model_name（ ），注意括号内为空时，返回当前模型的名称。例如，若当前模型为 part1，则 partName = rel_model_ name（ ），结果为 partName = "part1"；如在装配图中，则需加上进程号，如 partName = rel_ model_ name：2（ ）。

3）rel_ model_ type（ ）函数。返回目前模型的类型，用法为 rel_ model_ type（ ）。例如，若当前模型为装配图，则 parttype = rel_ model_ type（ ）结果为 parttype = "ASSEMBLY"。

4）itos（ ）函数。将整数换成字符串，用法为［itosinteger（整数）］，若为实数则舍去小数点。例如，s1 = itos（123）结果为 s1 = "123"；s2 = itos（123.57）结果为 s2 = "123"；若 intl = 123.5，s3 = itos（intl）结果为 s3 = "123"。

5）search（ ）函数。查找字符串，返回位置值，用法为 search（string，substring）。其中，string 为原字符串，substring 为要找的字符串。查到则返回位置，否则返回 0。第一个字符的位置值为 1，依此类推。例如，若 parstr = abcdef，则 where = search（parstr，"bcd"）结果为 where = 2；where = search（parstr，"bed"）结果为 where = 0（没查到）。

6）extract（ ）函数。提取字符串，用法为 extract（string，position，length）。其中，string 为原字符串；position 为提取位，大于 0 而小于字符串长度；length 为提取字符数，不能大于字符串长度。例如，new = extract（"abcdef"，2，3）结果为 new = "bcd"，其含义是从 "abcdef" 串的第 2 个字符 "b" 开始取出三个字符。

7）exists（ ）函数。测试项目是否存在，用法为 exists（item）。其中，item 可以是参数或尺寸。例如，If exists（d5）表示检查零件内是否有 d5 尺寸；If exists（"material"）表示检查零件内是否有 material 参数。

8）evalgraph（ ）函数。计算函数，用法为 evalgraph（graph_name，x_value）。其中，graph_name 是指控制图表 graph 的名字，要用双引号括起；x_value 是 graph 中的横坐标值。函数返回 graph 中坐标 x 对应的 y 值。例如，sd5 = evalgraph（"sec"，3）。evalgraph 只是 Pro/E Wildfire 5.0 提供的一个用于计算图表 graph 中横坐标对应纵坐标的值的一个函数，用户可以用在任何场合。

9）trajparf_of_pnt（ ）函数。返回指定点在曲线中的位置比例，用法为 trajpar_of_pnt（curve_name，point_name）。其中，curve_name 是曲线的名称；point_name 则是点的名字。两个参数都需要用 ""括起来。函数返回的是点在曲线上的比例值，可能等于 trajpar，也可能等于 1 − trajpar，视曲线的起点位置而定。例如，ratio = trajpar_of_pnt（"wire"，"pnt1"），则 ratio 的值等于点 pnt1 在曲线 wire 上的比例值。

（6）注释 / * 后文字并不会参与关系式的运算，但可用来描述关系式的意义。例如，下列表达式：

/ * Width is equal to 2 * height

d1 = 2 * d2

4. 关系表达式的分类

Pro/E Wildfire 5.0 提供了大量的关系式，范围涵盖广泛；不过，一般使用者常用的仅为其中的几种，以下列举三大类分别说明。

（1）简单式 该类型通常用于单纯的赋值。例如下列表达式：

m = 2

d1 = d2 * 2

（2）判断式 有时必须加上一些判断语句，以适应特定的情况，其语法是：

if . . . endif

if. . . else. . . endif

1）if . . . endif

if d2 > = d3

    length_ A = 100

endif

if volume = 50&area < 200

    diameter = 30

endif

2）if. . . else. . . endif

if A > 10

type = 1

    if B > 8

        type = 2

    endif

else

    type = 0

endif

（3）解方程与联立解方程组 在设计时，有时需要借助系统求解一些方程。在 Pro/E Wildfire 5.0 中，求解方程的语法是"solve. . . for"。若解不止一组，系统也仅能返回一组结果。例如下列表达式：

r_ base = 70

radtodeg = 180/pi

A = 0

solve

    A * radtodeg-atan （A） = trajpar * 20

for

    A

d3 = r_ base * （1 + A^2） ^0.5

area = 100

perimeter = 50

solve

d3 * d4 = area

2 * (d3 + d4) = perimeter

for d3，d4

5. 关系表达式的应用实例

（1）新建零件文件"gear. prt"（略）

（2）设置尺寸参数 单击菜单"工具"中的"参数"菜单，在弹出的"参数"对话框中添加尺寸的各个参数，如图16-3所示。

图16-3 "gear. prt"文件的输入参数

（3）绘制齿轮基本圆 选取FRONT平面为草绘平面，单击"草绘"按钮，进入二维草绘模式。在草绘平面内绘制任意尺寸的四个同心圆，单击"确定"按钮，退出草绘模式。绘图结果如图16-4所示。

（4）创建齿轮关系表达式，确定齿轮尺寸

1）在"工具"主菜单中选取"关系"选项，打开"关系"对话框。

2）在"关系"对话框中分别添加齿轮的分度圆直径、基圆直径、齿根圆直径以及齿顶圆直径的关系表达式（图16-5），通过这些关系表达式

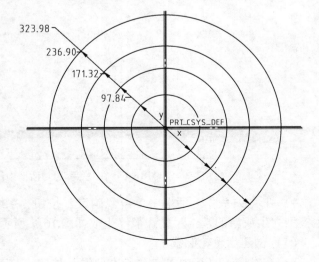

图16-4 任意草绘四个同心圆

和已知的参数来确定上述参数的数值。

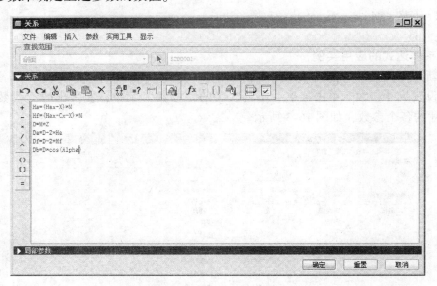

图 16-5　在"关系"对话框中添加关系表达式

3）将参数与图形上的尺寸相关联。在图形上单击选择尺寸代号，将其添加到"关系"对话框中，再编辑关系式，添加完毕后的"关系"对话框如图 16-6 所示，为尺寸 d0、d1、d2 和 d3 新添加了关系，并将这四个圆依次指定为基圆、齿根圆、分度圆和齿顶圆。

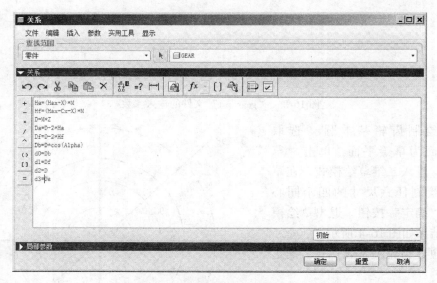

图 16-6　在"关系"对话框中添加尺寸关系

4）在"关系"对话框中单击"确定"按钮，系统自动根据设定的参数和关系表达式再生模型并生成新的基本尺寸。最终生成如图 16-7 所示的标准齿轮基本圆。

（5）创建齿轮轮廓线

1）在右侧工具箱中单击"基准曲线"按钮，打开"曲线选项"菜单，在该菜单中选择"从方程"选项，然后单击"完成"选项。

2）系统提示选取坐标系，在模型树窗口中选择当前的坐标系，然后在"设置坐标类型"菜单中选择"笛卡儿"选项，系统便打开一个记事本编辑器。

3）在记事本中添加图 16-8 所示的渐开线方程，完成后依次单击"文件"→"保存"选项保存方程，然后关闭记事本编辑器。

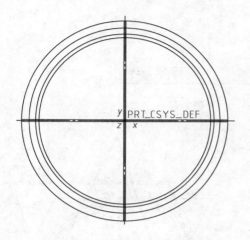

图 16-7　生成的标准齿轮基本圆

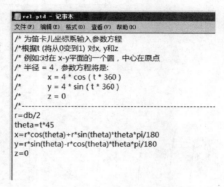

图 16-8　添加渐开线方程

4）单击"曲线：从方程"对话框中的"确定"按钮，完成齿轮单侧渐开线的创建，生成图 16-9 所示的齿廓曲线。

5）创建基准点 PNT0。在右侧工具箱中单击"基准点" 按钮，打开"基准点"对话框（图 16-11），选择图 16-10 所示的分度圆曲线和齿轮单侧渐开线的交点作为基准点的放置参照（选择时按住 <Ctrl> 键），如图 16-11 所示，创建的基准点最终如图 16-12 所示。

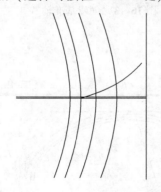

图 16-9　生成齿廓曲线

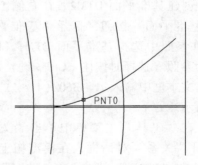

图 16-10　选择曲线交点作为基准点的放置参照

6）创建基准轴 A_1。在右侧工具箱中单击"基准轴" 按钮，打开"基准轴"对话框，选取 TOP 和 RIGHT 基准平面作为放置参照（选择时按住 <Ctrl> 键），如图 16-13 所示。

7）创建基准平面 DTM1。在右侧工具箱中单击"基准平面" 按钮，打开"基准平面"对话框，选取前面已经创建的基准点 PNT0 和基准轴 A_1 作为参照（选择时按住 <Ctrl> 键），创建图 16-14 所示的基准平面。

图 16-11　"基准点"对话框

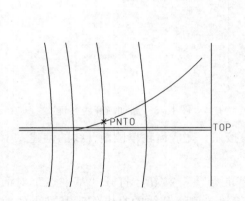

图 16-12　创建好的基准点 PNT0

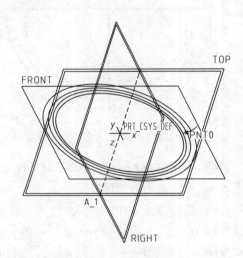

图 16-13　创建基准轴 A_1

8）创建基准平面 DTM2。在右侧工具箱中单击"基准平面"按钮，打开"基准平面"对话框，在参照中选择基准平面 DTM1 和基准轴 A_1 作为参照（选择时按住 < Ctrl > 键），然后在"旋转"文本框中输入"$-360/(4*Z)$"，如图 16-15 所示。

9）在"工具"主菜单中单击"关系"选项，打开"关系"对话框，在模型树上单击上一步创建的"DTM2"基准平面，此时将显示图 16-16 所示的角度参数（本实例中为 d7），单击该尺寸将其添加到"关系"对话框中，并完成关系表达式"$d7 = -360/(4*Z)$"。

10）镜像渐开线。在工作区中选取已创建的渐开线齿廓曲线，然后单击右侧工具箱中的"镜像" 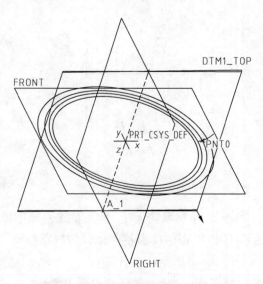 按钮，选择基准平面 DTM2 作为镜

图 16-14　创建基准平面 DTM1

像平面，镜像渐开线后的结果如图 16-17 所示。

（6）创建齿顶圆实体特征

1）在右侧工具箱中单击"拉伸"按钮，打开设计图标板，在图标板中单击"定义放置"按钮，打开"草绘"面板，再单击"定义"按钮，打开"草绘"对话框，选择基准平面 FRONT 作为草绘平面，其他设置接受系统默认参数，最后单击"草绘"按钮进入二维草绘模式。

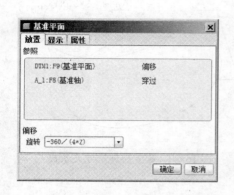

图 16-15　创建第二个基准平面

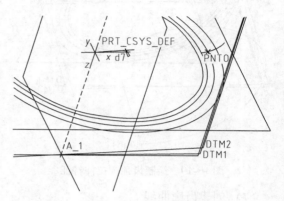

图 16-16　为第二个基准面添加新的关系

2）在右侧工具箱中单击"通过边创建图元"　按钮，打开"类型"对话框，选择其中的"环"单选项，然后在工作区中选择图 16-18 中齿顶圆曲线作为草绘剖面，最后在右侧工具箱中单击"确定"按钮，退出二维草绘模式。

3）在图标板中设拉伸深度为 B 值，系统弹出询问对话框，单击"是"按钮，确认引入关系表达式，再单击"完成"按钮，完成齿顶圆实体的创建，如图 16-19 所示。

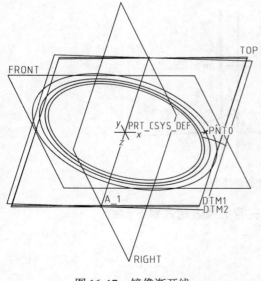

图 16-17　镜像渐开线

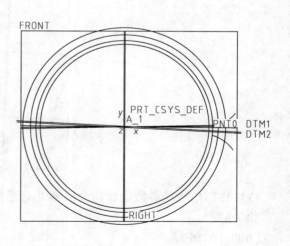

图 16-18　选择草绘剖面

4）仿照前面介绍的方法将拉伸深度参数添加到"关系"对话框中，并编辑关系表达式 "d8 = B"，结果如图16-20所示。

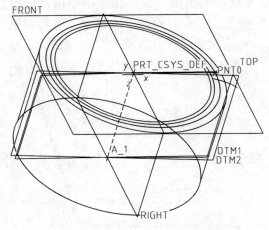

图16-19 绘制齿顶圆拉伸特征

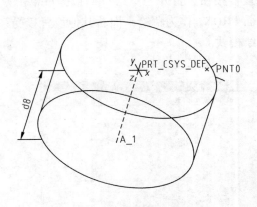

图16-20 建立拉伸尺寸关系式

（7）创建齿廓曲线

1）在右侧工具箱中单击"草绘" 按钮，打开"草绘"对话框。选取基准平面 FRONT作为草绘平面，单击"反向" 反向 按钮，确保草绘视图方向指向实体特征，接受其他系统默认参照后进入二维草绘模式。

2）在右侧工具箱中单击"通过边创建图元" 按钮，打开"类型"对话框，选择其中的"单一"单选项，使用"修剪"和"圆角"按钮并结合绘图工具绘制图16-21所示的二维图形（在两个圆角处添加等半径约束）。完成后单击右侧工具箱中的"完成"按钮，退出二维草绘模式。

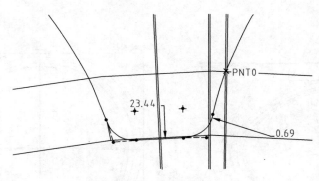

图16-21 绘制齿廓曲线

3）将圆角半径参数添加到"关系"对话框，完善关系表达式如下：

if hax < 1

Rd9 = 0.46 * m

endif

结果如图16-22所示。

（8）创建第一个齿槽

1）选中刚刚做好的草绘特征，在右侧工具箱中单击"拉伸" 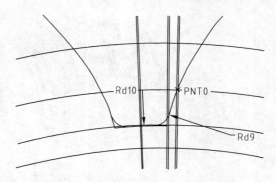 按钮，打开设计图标板，在图标板中单击"放置"按钮，打开"草绘"面板，此时可以看到系统自动选取上一步中创建的草绘曲线作为草绘对象。

2）按照图 16-23 所示设置特征参数，完成拉伸特征设置，最终结果如图 16-24 所示。

图 16-22　添加圆角半径关系表达式

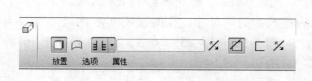

图 16-23　切齿拉伸的设置

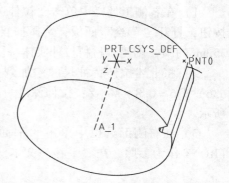

图 16-24　第一个齿槽拉伸切除结果

（9）创建轮齿阵列特征

1）右击刚刚做好的拉伸特征，在"编辑"菜单中选择"阵列"，打开"阵列"操控板，将"阵列类型"改为"轴"，选择 A_1 作为轴阵列的参照，如图 16-25 所示设置后，单击"确定"按钮，确认操作。

图 16-25　轮齿阵列特征的初始参数

2）将阵列成员数添加到关系表达式。单击"工具"→"关系"，打开"关系"对话框，在模型树上单击刚刚做好的轴阵列，此时阵列尺寸参数将显示在屏幕上，单击"阵列成员数"尺寸，将该尺寸添加到关系表达式中，其中阵列数量（本例中尺寸符号为 p33）p33 = Z；阵列角度（本例中尺寸符号为 d30）d30 = 360/Z。

阵列后的结果如图 16-26 所示。

3）单击"确定"按钮后再生，最终轮齿的阵列结果如图 16-27 所示。

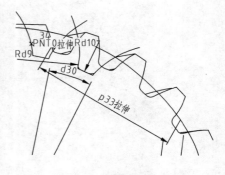

图 16-26　增加阵列参数关系表达式

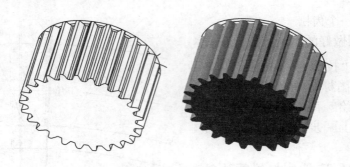

图 16-27　最终轮齿的阵列结果

（10）添加修饰特征

1）在右侧工具栏中单击"拉伸" 按钮，打开设计图标板，在图标板中单击"放置"按钮，打开"草绘"面板，选择基准平面 FRONT 作为草绘平面。在草绘平面中绘制直径为35mm 的圆，创建减材料拉伸实体特征，拉伸深度为9mm。结果如图 16-28 所示。

2）将上述拉伸特征尺寸添加到关系表达式。剖面尺寸：孔的直径（本例尺寸符号为d36）d36 = 0.8 * M * Z；拉伸深度（本例尺寸符号为 d35）d35 = 0.3 * B。结果如图 16-29所示。

3）在右侧工具栏中单击"平面"按钮，打开"基准平面"对话框，选取基准平面FRONT 作为参照，在"平移"文本框中输入"B/2"，创建新的基准平面 DTM3。

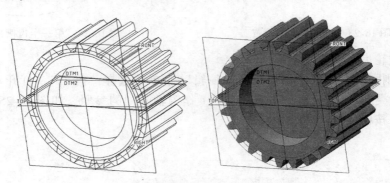

图 16-28　增加拉伸切除特征的结果

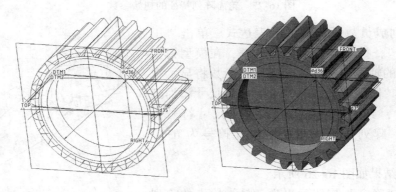

图 16-29　增加指定特征关系

4）选取前面创建的减材料拉伸特征，然后在"编辑"主菜单中选取"镜像"选项，然后选取新建基准平面 DTM3 作为镜像平面，在齿轮另一侧创建相同的减材料特征。

5）在右侧工具栏中单击"拉伸" 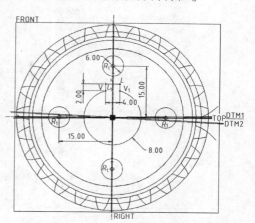 按钮，打开设计图标板，在图标板中单击"放置"按钮，打开"草绘"面板，选择上述拉伸特征的底部平面作为草绘平面，在草绘平面内绘制图16-30 所示图形。设置拉伸深度为"穿透"，创建图 16-31 所示的结构。

图 16-30　增加的草绘图案

6）从"工具"主菜单中选取"关系"选项，打开"关系"对话框，为上述拉伸实体特征的下列尺寸编辑关系。结果如图 16-32 所示。

中心圆孔半径：$d44 = 0.32 * M * Z/2$；

键槽高度：$d45 = 0.03 * M * Z$；

键槽宽度：$d46 = 0.08 * M * Z$；

小圆直径：$d43 = 0.12 * M * Z$；

小圆圆心到大圆圆心的距离：$d41 = 0.3 * M * Z$；$d42 = 0.3 * M * Z$。

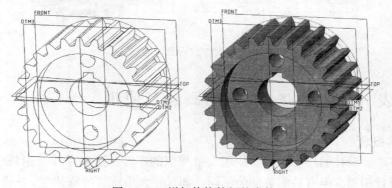

图 16-31　增加修饰特征的齿轮

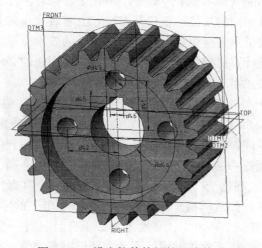

图 16-32　设定拉伸特征的尺寸关系

　　绘制齿轮最终的结果如图 16-33 所示，若改变参数 B 为 10mm、Z 为 30，则最终结果如图 16-34 所示。

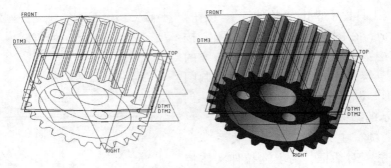

图 16-33　参数关系化齿轮的最终结果

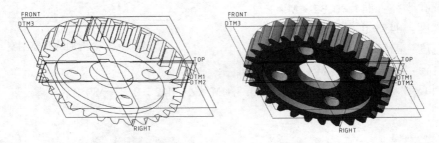

图 16-34　修改参数后齿轮的最终结果

16.3　族表（Family Table）的概念与使用

1. 族表的概念

　　在机械类产品设计的过程中，会使用大量相似的零件，这些零件（组件/特征）从结构上看很简单而且相似，但有些细节部分不同，如尺寸大小或详细特征等。一个最为典型的例子就是螺栓，在同一个标准（如 GB/T 5782—2000）中，会有多达上百种不同的规格，但它们结构形状相同并且具有相同的功能，仅仅是在尺寸上有着大小的差别。为了避免使用不同规格的标准件所造成的大量重复性劳动，提高产品设计的效率，建立标准件、常用件及标准结构的参数化设计图库是计算机辅助设计系统走向广泛实用化的必然趋势，也是快速实现三维参数化设计、装配的必然需求。

　　这上百种尺寸不同但外形相似的标准件、常用件及标准结构可以看作是一个零件的"家族"，族表（Family Table）即是这种具有相似特征的零件（或组件或特征）的集合，族表中的零件也称表驱动零件。使用族表功能可以将设计中经常用到的某一类外形结构相似的零件生成图库，而不需要逐一创建这个零件"家族"中的每一个零件，只要明确该零件"家族"的异同处就行了。在这个"家族"中，首先创建一个具有代表性的基准零件，也称为普通零件（Genetic）或者普通模型，而由普通零件派生出来的零件，称为实例零件（Instance）或者实例模型。在一个族表中，普通零件必须有且只有一个，而实例零件可以有无限多个。使用时按照族表的特征参数调用，不必重新设定参数值，直接在表中选取即可。在装配模型中，族表使装配中的零件和子装配更加容易互换。另外，可以分别创建零件族表和组件族表，而不能在一个族表中同时存在零件和组件。族表的主要作用如下：

　　1）生成和存储大量简单而细致的对象。

　　2）使零件的生成标准化，既省时又省力。

　　3）从零件文件中生成各种零件，而无需重新构造。

　　4）可以对零件生成细小的变化而无需用关系改变模型。

　　5）生成可以存储到打印文件并包含在零件目录中的零件表。

　　6）族表实现了零件的标准化，并且同一族表的实例模型可以自动互换。

2. 族表的结构

　　族表本质上是用电子表格来管理模型数据，它的外观也是表现为一个由行和列组成的电子表格。族表由行和列组成，行显示零件的实例和相应的特征值，列显示类型、实例名称、尺寸参数、特征和用户定义参数名称等。这里用螺栓来举例说明，GB/T 5782—2000 中产品等级为 A 级的几十种六角头螺栓，外形结构都是一样的，只是尺寸有变化，如螺纹规格、公称长度等。在相关标准里，是以表 16-6 所列方式描述六角头螺栓数据的。

表 16-6　GB/T 5782—2000 优选 A 级螺栓规格　　　　　　　　　　（单位：mm）

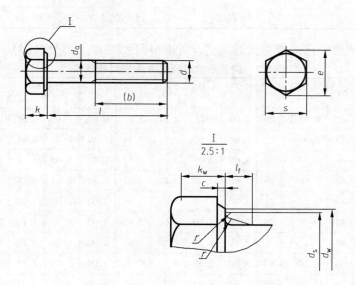

螺纹规格 d		M1.6	M2	M2.5	M3	M4	M5	M6	M8	M10
螺距 P		0.35	0.40	0.45	0.50	0.70	0.80	1.00	1.25	1.50
b （参考）	$l_{公称} \leq 125mm$	9.00	10.00	11.00	12.00	14.00	16.00	18.00	22.00	26.00
	$125mm < l_{公称} \leq 200mm$	15.00	16.00	17.00	18.00	20.00	22.00	24.00	28.00	32.00
	$200mm < l_{公称}$	28.00	29.00	30.00	31.00	33.00	35.00	37.00	41.00	45.00
c	max	0.25	0.25	0.25	0.40	0.40	0.50	0.50	0.60	0.60
	min	0.10	0.10	0.10	0.15	0.15	0.15	0.15	0.15	0.15

（续）

螺纹规格 d		M1.6	M2	M2.5	M3	M4	M5	M6	M8	M10
螺距 P		0.35	0.40	0.45	0.50	0.70	0.80	1.00	1.25	1.50
d_s	max	2.00	2.60	3.10	3.60	4.70	5.70	6.80	9.20	11.20
d_a	公称 = max	1.60	2.00	2.50	3.00	4.00	5.00	6.00	8.00	10.00
	min	1.46	1.86	2.36	2.86	3.82	4.82	5.82	7.78	9.78
d_w	min	2.27	3.07	4.07	4.57	5.88	6.88	8.88	11.63	14.63
e	min	3.41	4.32	5.45	6.01	7.66	8.79	11.05	14.38	17.77
l_f	max	0.60	0.80	1.00	1.00	1.20	1.20	1.40	2.00	2.00
k	公称	1.10	1.40	1.70	2.00	2.80	3.50	4.00	5.30	6.40
	max	1.225	1.525	1.825	2.125	2.925	3.65	4.15	5.45	6.58
	min	0.975	1.275	1.575	1.875	2.675	3.35	3.85	5.15	6.22
k_w	min	0.68	0.89	1.10	1.31	1.87	2.35	2.70	3.61	4.35
r	min	0.1	0.1	0.1	0.1	0.2	0.2	0.25	0.4	0.4
s	公称 = max	3.20	4.00	5.00	5.50	7.00	8.00	10.00	13.00	16.00
	min	3.02	3.82	4.82	5.32	6.78	7.78	9.78	12.73	15.73
l		12～16	16～20	16～25	20～30	25～40	25～50	30～60	40～80	45～100

将表 16-6 的内容和形式做适当的调整，可以得到表 16-7（部分数据）。

表 16-7　调整后的部分优选 A 级螺栓规格　　　　（单位：mm）

参数\规格	d	P	b	c	d_s	d_a	d_w	e	l_f	k	k_w	r	s	l
M1.6 × 12	1.60	0.35	9.00	0.25	2.00	1.60	2.27	3.41	0.60	1.10	0.68	0.10	3.20	12
M1.6 × 16	1.60	0.35	9.00	0.25	2.00	1.60	2.27	3.41	0.60	1.10	0.68	0.10	3.20	16
M2 × 16	2.00	0.40	10.00	0.25	2.60	2.00	3.07	4.32	0.80	1.40	0.89	0.10	4.00	16
M2 × 20	2.00	0.40	10.00	0.25	2.60	2.00	3.07	4.32	0.80	1.40	0.89	0.10	4.00	20
M2.5 × 16	2.50	0.45	11.00	0.25	3.10	2.50	4.07	5.45	1.00	1.70	1.10	0.10	5.00	16
M2.5 × 20	2.50	0.45	11.00	0.25	3.10	2.50	4.07	5.45	1.00	1.70	1.10	0.10	5.00	20
M2.5 × 25	2.50	0.45	11.00	0.25	3.10	2.50	4.07	5.45	1.00	1.70	1.10	0.10	5.00	25
M3 × 20	3.00	0.50	12.00	0.40	3.60	3.00	4.57	6.01	1.00	2.00	1.31	0.10	5.50	20
M3 × 25	3.00	0.50	12.00	0.40	3.60	3.00	4.57	6.01	1.00	2.00	1.31	0.10	5.50	25
M3 × 30	3.00	0.50	12.00	0.40	3.60	3.00	4.57	6.01	1.00	2.00	1.31	0.10	5.50	30

　　在表 16-7 中，第一行称为表头，列出了各列的参数代号；从第二行起，每一行是一个规格的螺栓的具体尺寸。也就是说，每一行是一个具体的螺栓规格，称为一个实例。第一列是所有规格的螺栓的规格名；从第二列起，每一列都是螺栓的一个尺寸参数的取值，称为一个项或列。再建一个螺栓的模型，模型先随便用一个实例的参数来建，如用 M3 × 20 的参数。建好后再建一个族表，将这个模型里的对应于上表的那些尺寸都加入到族表里，再把各个实例都加入到族表，最后的族表结构见表 16-8。

　　由表 16-8 可见，族表本质上就是一个简单的电子表格。在这个电子表格里，表头的 P、

d、l、d_f、k 等就是各个实例里要变化项的代号，这些项最常见的是尺寸，也可以是特征、零件、参数、符号、阵列表、UDF 等。表中第一列就是每一个实例的名字，对第一个实例，它的名字就是普通模型的名字，这是不能在族表里改变的，是所有其他实例模型的父模型。第一行里所有项的值，也是直接调入当前模型的当前值（要修改也只能直接修改模型而不能修改第一行里各个项的值）；其他各行均为实例模型，其名字都是在族表里命名和修改的，实例模型的各个项的值，都是根据实际需要确定的。

表 16-8　部分优选 A 级螺栓规格族表　　　（单位：mm）

参数 规格	d	P	b	c	d_s	d_a	d_w	e	l_f	k	k_w	r	s	l
GB/T 5782—2000	3.00	0.50	12.00	0.40	3.60	3.00	4.57	6.01	1.00	2.00	1.31	0.10	5.50	20
M1.6×12	1.60	0.35	9.00	0.25	2.00	1.60	2.27	3.41	0.60	1.10	0.68	0.10	3.20	12
M1.6×16	1.60	0.35	9.00	0.25	2.00	1.60	2.27	3.41	0.60	1.10	0.68	0.10	3.20	16
M2×16	2.00	0.40	10.00	0.25	2.60	2.00	3.07	4.32	0.80	1.40	0.89	0.10	4.00	16
M2×20	2.00	0.40	10.00	0.25	2.60	2.00	3.07	4.32	0.80	1.40	0.89	0.10	4.00	20
M2.5×16	2.50	0.45	11.00	0.25	3.10	2.50	4.07	5.45	1.00	1.70	1.10	0.10	5.00	16
M2.5×20	2.50	0.45	11.00	0.25	3.10	2.50	4.07	5.45	1.00	1.70	1.10	0.10	5.00	20
M2.5×25	2.50	0.45	11.00	0.25	3.10	2.50	4.07	5.45	1.00	1.70	1.10	0.10	5.00	25
M3×20	3.00	0.50	12.00	0.40	3.60	3.00	4.57	6.01	1.00	2.00	1.31	0.10	5.50	20
M3×25	3.00	0.50	12.00	0.40	3.60	3.00	4.57	6.01	1.00	2.00	1.31	0.10	5.50	25
M3×30	3.00	0.50	12.00	0.40	3.60	3.00	4.57	6.01	1.00	2.00	1.31	0.10	5.50	30

3. 多层族表结构

从表 16-8 中可以看到，这个表里有些实例的某些项的取值是相同的。例如 M3×20、M3×25、M3×30 这三个实例，除了总长 l 这一项取值不同外，其他各项的值都是一样的；M2×20、M2.5×20、M3×20 这三个实例相互之间差别比较大，但也有一个相同取值的项，即总长 l。因此，可以再进行变换，见表 16-9。

表 16-9　变换后的螺栓族表　　　（单位：mm）

参数 规格	d	P	b	c	d_s	d_a	d_w	e	l_f	k	k_w	r	s
GB/T 5782—2000	3.00	0.50	12.00	0.40	3.60	3.00	4.57	6.01	1.00	2.00	1.31	0.10	5.50
M1.6	1.60	0.35	9.00	0.25	2.00	1.60	2.27	3.41	0.60	1.10	0.68	0.10	3.20
M2	2.00	0.40	10.00	0.25	2.60	2.00	3.07	4.32	0.80	1.40	0.89	0.10	4.00
M2.5	2.50	0.45	11.00	0.25	2.50	2.50	4.07	5.45	1.00	1.70	1.10	0.10	5.00
M3	3.00	0.50	12.00	0.40	3.60	3.00	4.57	6.01	1.00	2.00	1.31	0.10	5.50

在表 16-9 中，选取了除总长 l 之外的 13 项，用这 13 项将全部 M1.6 规格的螺栓实例合为一个实例，全部 M2 规格的螺栓实例合为一个实例，依次类推，将全部相同螺纹规格的螺栓实例都合为一个实例。余下总长 l 这一项在表 16-9 中就不存在了。接下来分别做表

16-10 ~ 表 16-13 四个子表。

<table>
<tr><td colspan="2">表 16-10　M1.6 规格螺栓的子表</td></tr>
</table>

表 16-10　M1.6 规格螺栓的子表

（单位：mm）

规格 参数	l
M1.6	16
M1.6 × 12	12
M1.6 × 16	16

表 16-11　M2 规格螺栓的子表

（单位：mm）

规格 参数	l
M2	20
M2 × 16	16
M2 × 20	20

表 16-12　M2.5 规格螺栓的子表

（单位：mm）

规格 参数	l
M2.5	25
M2.5 × 16	16
M2.5 × 20	20
M2.5 × 25	25

表 16-13　M3 规格螺栓的子表

（单位：mm）

规格 参数	l
M3	30
M3 × 20	20
M3 × 25	25
M3 × 30	30

表 16-10 ~ 表 16-13 分别与表 16-9 中的实例 M1.6、M2、M2.5 和 M3 相关联。在 Pro/E Wildfire 5.0 族表功能中，需要打开 M1.6 实例，在此实例里再建一个族表，族表内容即是表 16-10 中 M1.6 这个子表（M2、M2.5 和 M3 同理）。这样就形成了多层族表的结构，实例 M1.6、M2、M2.5 和 M3 所在族表为父族表（即表 16-9），其他四个族表是它的子族表（即表 16-10 ~ 表 16-13）。同理，子族表还可以有它的子族表，父族表也可以有它的父族表，即族表可以多级级联，从而可以形成图 16-35 所示的结构。

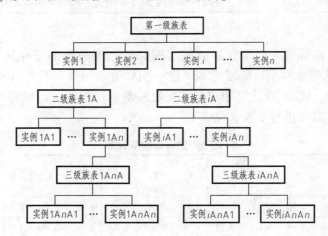

图 16-35　多层族表结构

需要注意的是：在多层族表结构中，同一个对象（同一尺寸、参数、特征、参数表、UDF、元件等）只能出现在同一分支的同一级族表里。例如尺寸 1，它出现于二级族表 1A 中，那么在二级族表 1A 的所有实例中定义的三级族表（及这些族表的实例中定义的更下级族表）里就不能再使用它，重定义其上级族表（及更上级族表）时也不能再使用它；但如果它所依附的特征在定义二级族表 1A 的实例 1An 里存在并且它没在二级族表 1A 中出现，那么它可以出现于三级族表 1*AnA*（或以实例所定义的某级下级族表）中。

4. 创建族表

创建族表的方法比较简单，步骤大体如下：

1）创建一个普通模型（也称基准零件），作为其他实例模型的父模型来使用。

2）单击"工具"菜单栏中的"族表"命令，进入图 16-36 所示的"族表 PRT0001"对话框。

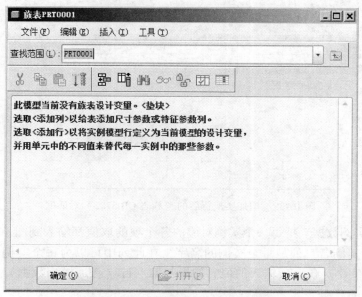

图 16-36 "族表 PRT0001" 对话框

3）确定各个零件之间存在差异的数据项名称，并加入到族表中。在"族表 PRT0001 对话框中单击 ▥ 按钮，进入图 16-37 所示的"族项目，普通类型：PRT 0001"对话框。选取一个项目类型，再选取相应项目，加入项目列表里。如果选错了，单击"减号"按钮将其从项目列表里去掉。选择完毕后单击"确定"按钮返回"族表 PRT 0001"对话框。

注意："族表 PRT0001"对话框里各个列项的排列，是根据选取的顺序排列的，所以最好在选取时把相关项挨着选在一起，以免数据零乱；并且最好给各个项对应的对象（尺寸、特征等）取个有实际意义的名字，这些

图 16-37 "族项目，普通类型：PRT0001" 对话框

名字将在族表编辑器的表头里显示出来，便于以后的数据管理。

4）加入实例行。在图 16-36 所示的"族表 PRT0001"对话框中单击 ⊞ 按钮，则在所选行插入新的实例行。多次单击该按钮，可在"族表 GB 5782"对话框中增加多个行，结果如图 16-38 所示。

图 16-38　增加实例行后的"族表 GB 5782"对话框

5）输入新实例数据。把每一个实例对应的各个项的取值都输入到图 16-38 所示的电子表格中。其中"实例名"列是每个实例的名字，在此列中可以为每个实例命名，将来用这个名字来调用该实例。各个项输入的值，如果与第一行（普通模型数据）的值相同，那么可以用星号（*）代替。

6）校验实例。在图 16-38 所示的"族表 GB 5782"对话框中，单击 ⊞ 按钮，即"校验族的实例"按钮。系统则弹出图 16-39 所示的"族树"对话框，单击 校验 按钮，则系统开始运算，尝试生成每一个实例。校验完毕后所有实例生成成功，则"族树"对话框如图 16-40 所示，族表定义结束。

7）实例预览和打开。在校验实例结束后，可以在"族表 GB 5782"对话框中选中任意实例，单击 ∞ 按钮（即"预览选定实例"按钮），则会弹出图 16-41 所示的"预览"对话

图 16-39　"族树"对话框

图 16-40　实例校验成功的"族树"对话框

框，可以预览选定实例的最后形状，并且可以在该对话框中进行旋转、平移、缩放等操作，使操作者更好地观察所生成实例的细节部分。在"族表 GB 5782"对话框中，选中任意实例后，单击 打开(E) 按钮，则可以在一个新窗口里打开相应的实例；如果有实例校验失败，一般来说是此实例的某些项的取值有误，影响了模型的生成，则需要检查此实例的各项取值，修正错误。

注意：尺寸、参数、元件、特征等加入族表，都可按上述过程操作，选取类型后，会有提示选取具体的尺寸、参数、元件和特征，元件是只有在组件里才可用的。公差的使用与尺寸相同，如果尺寸有公差，开启公差显示即可将公差当普通尺寸一样选取加入族表。

5. 创建多层族表

1）创建原始零件。与建立单一族表方法一样，建立多层族表也要先创建一个原始零件模型，作为其他实例模型或者其他层族表的父模型。

2）对零件族的数据进行规划管理。依据建立原始零件模型时所采用的方法与步骤，以及各个实例模型之间的具体变化，确定采用族表管理的数据项（如尺寸、参数、特征、零件等）。在 Pro/E Wildfire 5.0 中，一个项只能出现在族表树的某一个层级里，因此需要

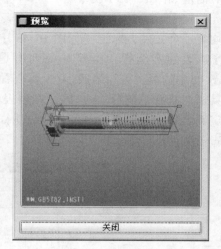

图 16-41　"预览"对话框

根据各个数据项的变化情况来确定各级族表所包含的数据项。在规划数据项归属时，要尽可能地把取值重复较多的数据项放在靠近族表树顶端的层级里，否则可能会导致族表制作后期数据录入量很大。例如原始零件模型包含 h、i、j、k、l、m 六个尺寸数据项，六个尺寸数据项取值组合共生成 120 个实例，多级族表的规划可以有以下几种方案：

方案一：只用一级族表，无论尺寸数据是否重复，每个尺寸数据项的取值都要录入 120 次，则需要输入数据 $6 \times 120 = 720$ 次。

方案二：若 120 个实例中 h、i、j 尺寸数据项组合重复数据较多，其不同组合方式只有五种，那么把 h、i、j 放在第一级族表，把 k、l、m 放在第二级族表，则 n、i、j 尺寸项数据各需录入 5 次，k、l、m 尺寸项数据仍然需要各录入 120 次，总共需要输入数据 $5 \times 3 + 120 \times 3 = 375$ 次。

方案三：若 120 个实例中 i、m 尺寸数据项组合重复更多，且不同组合只有两种，则应把 i、m 尺寸数据项放在第一级族表，其他尺寸数据项放在第二级族表，则 i、m 这两个尺寸数据项各需录入 2 次，其他四个尺寸数据项各需录入 120 次，总共需要输入数据 $2 \times 2 + 120 \times 4 = 484$ 次。

从上述的方案中不难发现，采用不同的数据项归属族表层次的规划，数据录入工作量相差很大。因此，在有大量实例和数据项的情况下，应当在建立多层族表之前首先分析一下数据的重复组合情况，从而确定一个较好的族表分级管理规划方案。这样不仅能大大减少数据录入工作量，降低错误发生率，还能便于实例检索与数据修改。

3）按照确定的数据项规划管理方案，建立第一级族表。

4）在图 16-38 所示的"族表"编辑器对话框中，选取第一级族表的某一个实例行，单

击"族表"编辑器对话框中的 插入(I) 菜单，并在弹出的图 16-42 所示的菜单中单击 实例层表(T)，Pro/E Wildfire 5.0 便打开一个新的"族表"编辑器对话框。在新的"族表"编辑器对话框中可以按照前述创建单层族表的步骤创建属于这个实例的二级族表。同理，可创建其他实例的二级族表。多层族表创建完后，原始零件模型中的"族表"编辑器对话框如图 16-43 所示。

在图 16-43 中，凡是带有子族表的实例行"类型"一列中均有一个文件夹标记（如图 16-43 中第二行和第三行），不带子族表的实例行"类型"一列中是没有任何标记的（如图 16-43 中的第一行和第四行）。要查看子族表的内容，可以在工具栏"查找范围"（L）的实例列表名（只显示带有子族表的实例名）中找到那个子族表所依附的实例名，即可在族表编辑器对话框中显示图 16-44 所示的下一级族表内容。

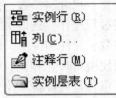

图 16-42　族表"插入"菜单

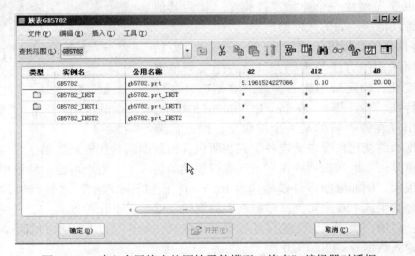

图 16-43　建立多层族表的原始零件模型"族表"编辑器对话框

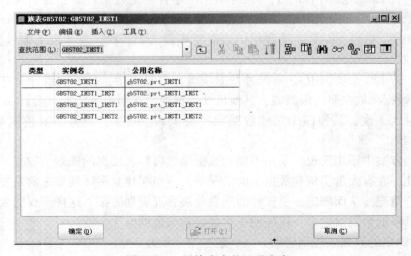

图 16-44　子族表中的显示内容

5）第二种创建多层族表的方法。在建立了第一级族表后，选中要加入子族表的实例并打开，在一个新系统窗口中，按照前述创建单层族表的步骤创建一个新族表，所创建的新族表就是依附于此实例的二级族表。按照同样的方法可以创建更多层级的族表。

6. 修改族表内容

（1）方法一：直接修改族表　打开图 16-38 所示的"族表"编辑器对话框，直接修改族表里各实例的数据项值，族表中数值型项的取值必须是一个确定的数值或星号（＊），不能是变量名或者取值范围；特征、元件、组、参照元件、合并零件、UDF 等项的取值，可以是"Y""N""＊"或这个元素（元件、参照元件、合并零件、UDF）所带的子族表中的各个实例的实例名。其中"＊"表示所选实例的该数据项的取值与普通模型的值相同，如果普通模型的数据值发生变化，则实例中的同数据项数据值也将变化，并保持与普通模型相同的数据值；若实例的数据值不依照普通模型变化，则需要直接输入其数据值，而不要使用"＊"。另外，对于阵列数据项，实例的取值可以是 0，但其实际效果与使用"＊"的效果相同。族表中普通模型的各数据项的值只能通过在模型窗口中对模型的修改来实现。

（2）方法二：修改实例模型　在图 16-38 所示的"族表"编辑器对话框中选中要修改的实例后，单击 打开(E) 按钮，在新的系统窗口中打开该实例，则可以像修改普通模型一样修改该实例模型。对普通模型进行修改时，如果修改非族表控制的数据项，则族表中所有实例的该数据项都将被修改；如果修改族表控制的数据项，则仅对普通模型和该数据项取值为"＊"的实例有效。若对实例模型进行修改，则可能产生如下影响：

1）若对由族表控制的尺寸数值进行修改，系统会提示"此尺寸是表驱动的"，在弹出的系统菜单中单击"确认"后修改此尺寸。再生该实例模型后，在普通模型的窗口中族表中该实例的数据项将自动更新取值。

2）若对非族表控制的尺寸数值进行修改，系统则不会产生任何提示信息，族表中所有实例（包括普通模型）的该尺寸数值都将更新为新数值。

3）对参数的修改与修改尺寸类似，不论该参数是否由族表控制，都没有提示信息。修改由族表控制的参数后，实例模型再生，族表将自动更新为新的数据项；修改非族表控制的参数后，实例模型再生，族表中所有实例（包括普通模型）的该项值都将更新为新值。

4）若隐含某一个实例模型中的一个特征（元件），无论该特征是否由族表控制，系统都会提示"隐含实例特征只是暂时有效"，执行再生操作后特征就会解除隐含，对族表没有任何影响。而若隐含普通模型中的一个特征，无论该特征是否由族表控制，系统都不会有提示，而且当实例模型执行再生操作后，普通模型中被隐含的特征也将被隐含，且在实例模型中执行恢复操作也只是临时有效的，再次执行再生操作后恢复的特征又将被隐含，直至在普通模型中恢复该特征为止。

5）删除一个特征，如果它有子特征，子特征也会一起被删除。若从普通模型中删除特征，则在各个实例模型中所对应的特征也将被删除。若从实例模型中删除特征，如果该特征是由族表控制，则族表里该实例的项值被更新为"N"；如果该特征不是由族表控制，则族表里将会增加相应数目的新列，这些列对应普通模型的项值为"Y"，对应此实例的项值为"N"，对应其他实例的项值为"＊"。

6）增加一个特征。若从普通模型中增加一个特征，则在各个实例模型中单击"再生"按钮以后，都将增加该特征；若从实例模型中增加一个特征，则在族表里会增加一列特征项，此列对应原始模型的项值为"N"，对应此实例的项值为"Y"，对应其他实例的项值为"＊"；可将其他实例的项值修改为"Y"。如果所增加的特征能在指定的实例模型中生成，则再生后这个特征将被加入到该实例模型中。

7. 族表使用实例

本实例以螺栓和平垫圈为组件建立族表，用户可以从中选取多个尺寸不同的装配体，具体的步骤如下：

1）打开已经建立起来的六角头螺栓模型文件"GB5782. prt"，结果如图 16-45 所示。

2）在用户界面中，选中主体特征后右击，在弹出的如图 16-46 所示的菜单中，选择"创建驱动尺寸注释元素"命令，则显示出螺栓的主体尺寸值，结果如图 16-47 所示。

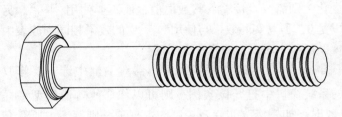

图 16-45　六角头螺栓模型

图 16-46　特征编辑菜单

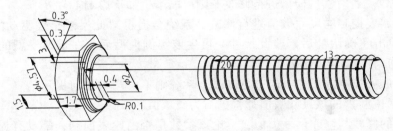

图 16-47　显示主体尺寸值的螺栓模型

3）单击 工具(T) 菜单中的 族表(F)… 命令，则弹出图 16-48 所示的"族表 GB 5782"对

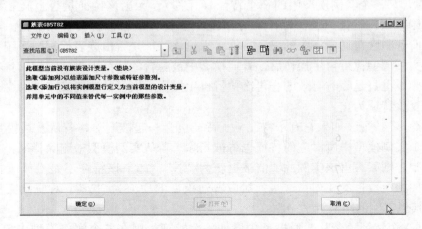

图 16-48　"族表 GB5782"对话框

话框；单击"添加/删除表列" 按钮，弹出图 16-49 所示的"族项目，普通模型：GB 5782"对话框。

4）在图 16-49 所示的对话框中，可以添加模型中的尺寸、特征、参数等选项作为族表的数据项，其中尺寸为默认选项，单击图 16-47 中的尺寸值，选中其作为族表中的数据项。

5）选择完尺寸值后，"族项目，普通模型：GB 5782"对话框如图 16-50 所示。

图 16-49 "族项目，普通
模型：GB 5782"对话框

图 16-50 选定族项目的对话框

6）单击图 16-50 中的 确定 按钮，则"族表 GB 5782"对话框如图 16-51 所示。

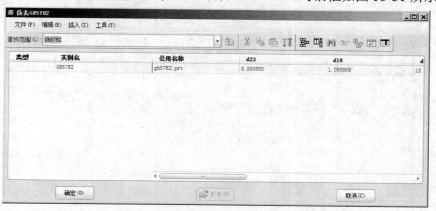

图 16-51 增加族表数据项后的"族表" GB 5782 对话框

7）单击"族表 GB 5782"对话框中"在所选行处插入新的实例" 按钮，则在对话框中增加一行名为"GB5782_INST"的实例，其数据项值均为"＊"，结果如图 16-52 所示。

8）将实例名更改为"GB5782_M2×20"，公用名称修改为"gb5782. prt_M2×20"，并根据相应的标准内容更改各个尺寸数据项的数据，结果如图 16-53 所示。

9）按照第 7）步和第 8）步中的操作，可以建立添加的实例。本实例中只添加一个规

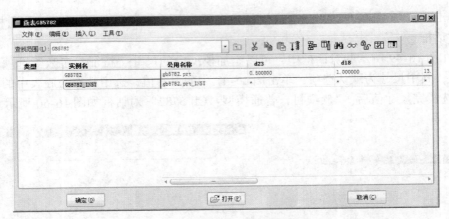

图 16-52　增加实例后的族表对话框

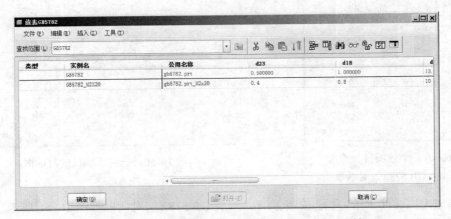

图 16-53　修改实例数据后的"族表 GB 5782"对话框

格为 M2.5 ×20 的实例，增加实例后的"族表 GB 5782"对话框如图 16-54 所示。

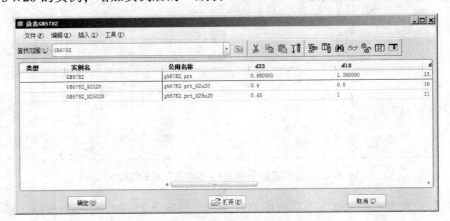

图 16-54　增加实例后的"族表 GB 5782"对话框

10）添加实例数据完成后，单击"族表 GB 5782"对话框中"校验族的实例" 团 按钮，
则弹出图 16-55 所示的"族树"对话框，在该对话框中单击 校验 按钮，Pro/E Wildfire 5.0

将对已经建成的实例进行数据校验，校验成功后，将在"校验状态"一栏中显示"成功"，结果如图 16-56 所示。

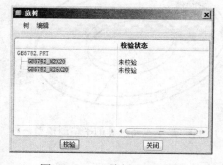

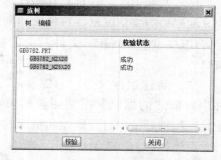

图 16-55　"族树"对话框

图 16-56　校验成功后的"族树"对话框

11）关闭"族树"对话框，在"族表 GB 5782"对话框中选中一个实例（如 GB 5782_M2×20），单击"预览" 按钮，则可显示该实例的预览效果。重复以上操作可以预览其他实例，本实例中的两个实例模型预览结果如图 16-57 和图 16-58 所示。

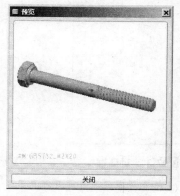

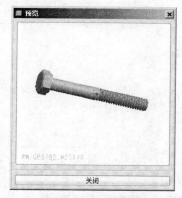

图 16-57　GB 5782_ M2×20
实例模型预览结果

图 16-58　GB 5782_M25×20
实例模型预览结果

12）关闭"预览"对话框后，单击"族表 GB 5782"对话框中的 确定(O) 按钮，关闭对话框后，保存"GB5782·prt"文件，关闭当前编辑窗口。

13）新建平垫圈的零件模型，按照 GB/T 97.1—2002 中的标准值选定公称规格为 3mm 的平垫圈数据建立普通模型，并将其保存为"GB/T 97_1. prt"文件，结果如图 16-59 所示。

14）与第 3）步相同，打开"族表 GB 97_1"对话框和"族项目"对话框，单击平垫圈模型后，其主要尺寸自动显示出来，如图 16-60 所示；逐一点选平垫圈的各个尺寸作为族表中的数据项后单击 确定 按钮，关闭"族项目"对话框。

15）与第 7）～第 9）步操作类似，分别在"族表 GB 97_1"对话框中建立公称规格为 2mm 和

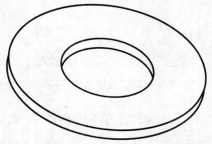

图 16-59　垫圈 GB/T 97.1 零件模型

2.5mm 的实例，建立实例模型后的"族表"对话框如图 16-61 所示。

16）与第 10）~ 第 11）步操作类似，对所建立的平垫圈实例模型进行校验和预览后，保存"GB/T 97_ 1. prt"文件，关闭当前编辑窗口。

17）新建组件文件"lsdq. asm"，在该文件中将前述的螺栓和平垫圈普通模型进行装配。在组件环境中打开螺栓和垫圈的模型文件时，会弹出图 16-62 所示的"选取实例"对话框，在其中都选择"普通模型"即可。装配后的螺栓和平垫圈如图 16-63 所示。

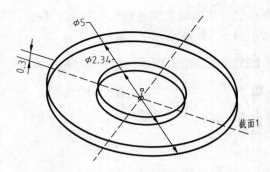

图 16-60　显示主要尺寸的平垫圈模型

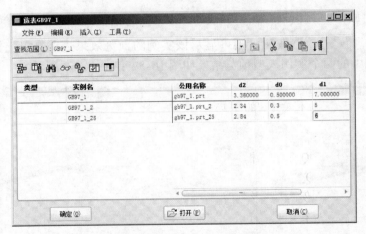

图 16-61　建立平垫圈实例后的"族表 GB 97_1"对话框

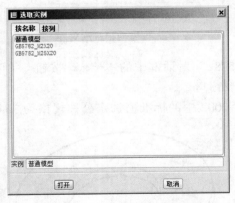

图 16-62　"选取实例"对话框

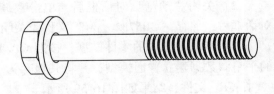

图 16-63　装配完成的螺栓和平垫圈普通模型

18）与前面单一零件族表建立的操作步骤类似，单击 $\boxed{\text{工具}(T)}$ 菜单中的 $\boxed{\text{族表}(F)...}$ 命令，弹出"族表 LSDQ"对话框，单击"添加/删除表列" 按钮，弹出"族项目"，普通模型：LSDQ 对话框，勾选"元件"作为族表的数据项，如图

16-64 所示。

19）依次点选设计界面中的螺栓和垫片，点选后的"族项目，普通模型：LSDQ"对话框如图 16-65 所示。单击 确定 按钮，关闭该对话框，返回图 16-66 所示的"族表 LSDQ"对话框。

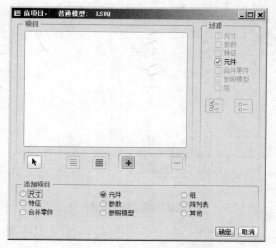

图 16-64 勾选"元件"作为族表的数据项

图 16-65 增加元件后的"族项目，
普通模型：LSDQ"对话框

20）单击"族表 LSDQ"对话框中"在所选行处插入新的实例" 按钮，则在该对话框中增加实例名为"LSDQ_ INST_ D2"和"LSDQ_ INST_ D25"的实例，修改其数据项值为对应的螺栓和平垫圈实例名称，结果如图 16-67 所示。

21）对生成的实例进行校验和预览，其预览的结果如图 16-68 和图 16-69 所示。关闭预览窗口以后，单击"族表 LSDQ"对话框中的 确定(0) 按钮，关闭该对话框，保存"lsdq. asm"文件，关闭当前编辑窗口，完成实例的创建。

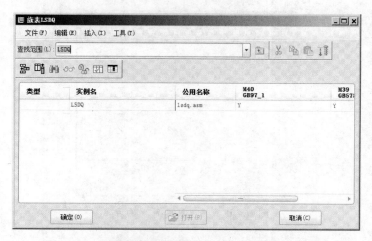

图 16-66 增加组件普通模型的"族表 LSDQ"对话框

22）打开"lsdq. asm"文件，Pro/E Wildfire 5.0 会弹出图 16-70 所示的"选取实例"对话框，用户可以根据自己的需要选取相应的组件。

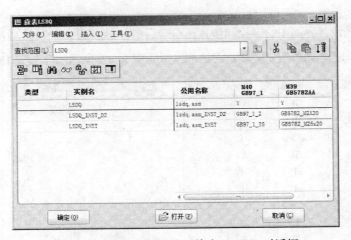

图 16-67　增加实例后的"族表 LSDQ"对话框

图 16-68　LSDQ_ INST_ D2 实例模型预览结果

图 16-69　LSDQ_ INST_ D25 实例模型预览结果

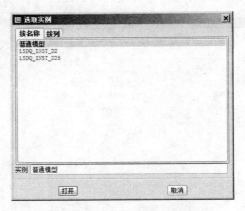

图 16-70　"选取实例"对话框

参 考 文 献

[1]　何改云，等. AutoCAD 2010 绘图基础 [M]. 天津：天津大学出版社，2013.

[2]　史宇宏，等. AutoCAD 2010 从入门到精通 [M]. 北京：科学出版社，2010.

[3]　林清安. 完全精通 Pro/ENGINEER 零件设计基础入门 [M]. 北京：电子工业出版社，2010.

[4]　林清安. 完全精通 Pro/ENGINEER 模具设计基础入门 [M]. 北京：电子工业出版社，2011.

[5]　二代龙震工作室. Pro/ENGINEER Wildfire 5.0 工程图设计 [M]. 北京：清华大学出版社，2010.

[6]　詹友刚. Pro/ENGINEER 中文野火版 5.0 工程图教程 [M]. 2 版. 北京：机械工业出版社，2010.

[7]　钟日铭. Pro/ENGINEER Wildfire 5.0 从入门到通 [M]. 2 版. 北京：机械工业出版社，2010.

[8]　DS SolidWorks ®公司. SolidWorks ®零件与装配体教程 [M]. 北京：机械工业出版社，2012.

[9]　DS SolidWorks ®公司. SolidWorks ®程图教程 [M]. 北京：机械工业出版社，2012.

[10]　CAD/CAM/CAE 技术联盟. SolidWorks 2012 中文版从入门到精通 [M]. 北京：清华大学出版社，2012.

[11]　单泉，等. Pro/ENGINEER Wildfire 4.0 中文版参数化设计从入门到精通 [M]. 北京：机械工工业出版杜，2008.

[12]　何孔德，等. 齿轮参数化设计系统的开发 [J]. 机械研究与应用，2007，20 (6)：116-118.

[13]　陈营. 基于 Pro/Engineer 的机械零件参数化特征库的研究 [D]. 济南：山东大学，2007.

[14]　丁刚. 基于 Pro/Program 方法及族表的产品参数化设计 [J]. 机械工程师，2008 5：151-152.

[15]　黄光辉，等. Pro/ENGINEER 高级造型技术 [M]. 北京：清华大学出版社，2008.

[16]　黄光辉，等. Pro/ENGINEER 造型设计项目案例解 [M]. 北京：清华大学出版社，2010.

[17]　汪宗兵. 基于 Pro/E 的标准件参数化设计 CAD 系统的研究与开发 [D]. 济南：山东大学，2004.

[18]　林清安. Pro/ENGINEER 野火 3.0 中文版基础零件设计（下）[M]. 北京：电子工业出版社，2006.